KB119030

기질 파악부터 말공부, 사회성, 감정코칭까지

최민준의 아들코칭 백과

최민준 글 |
신예원 그림 |

위즈덤하우스

차 례

프롤로그   아들에게는 이유가 있습니다   10

PART 1

아들을 키운다는 것

: 딸맘은 모르는 아들맘의 고충

1 | **우리 아들은 대체 왜 그러는 걸까?**   28
   : 아들 때문에 너무 힘들다면 알아두세요

2 | **아들이 딸보다 더 부족해 보이는 이유**   33
   : 비교하지 말고 아들의 특성 먼저 파악할 것

3 | **아들을 키우며 가장 어려운 점**   39
   : 화를 내기도, 참기도 어려운 딜레마의 순간들

4 | **혼을 낸다고 아들이 변할까요?**   48
   : 화내고 후회하고를 반복하는 근본적인 이유

★ | 아들TV : 아들과 잘 지내는 부모들의 공통점 3가지   58

PART 2

아들 엄마, 이래서 힘이 듭니다

: 아들과의 갈등, 어떻게 해결해야 할까

1 | **한 번 말하면 왜 듣지를 않니?**   64
   : 부모의 권위가 뚝뚝 떨어지는 순간

2 | **넌 왜 꼭 무섭게 해야만 말을 듣니?**   74
   : 체벌은 전염될 수 있습니다

3	**숙제를 안 하고 불안하지도 않니?**	78
	: 아들에게 맞는 동기부여 배우기	
4	**가르쳐주지도 않았는데 왜 이렇게 과격하니?**	84
	: 싸움놀이에 끌리는 과격한 마음	
5	**상대방이 싫어하는 거 안 보이니?**	92
	: 공감보다는 논리	
6	**학교에서 있었던 일을 왜 말을 안 하니?**	101
	: 아들과 가까워지는 법	
7	**너 어디서 그런 말 배웠니?**	111
	: 비속어 쓰는 아들의 마음	
8	**뭐 하나 제때 하는 법이 없니?**	119
	: 엄마의 감정을 먼저 보세요	
9	**너는 꼭 할머니 앞에서만 그러더라?**	124
	: 지원군이 있으면 변하는 아이의 행동	
★	아들TV : 매번 보상을 바라는 아이를 대하는 노하우	129

PART 3

아들에게는 '행동육아'가 필요합니다

: 적절한 수용과 단호함으로 아이를 키우는 법

CHAPTER 1_ 기질

1	**기다림을 힘들어하는 아들**	137
	: '만족지연능력'을 키우는 법	
2	**무슨 일이든지 꼭 허세를 부리는 아들**	144
	: 허세의 장점을 제대로 활용하는 법	

3 | **산만함의 끝을 달리는 아들**   150

: 자신의 기질을 사랑하게 하는 법

4 | **ADHD, 틱 증상을 보이는 아들**   155

: 아이의 증상을 완화시키는 법

5 | **불안도가 높고 겁이 많은 아들**   164

: 안정감과 신뢰감을 주는 법

6 | **원하는 것은 반드시 해야 되는 아들**   169

: 아이의 욕구를 제대로 거절하는 법

7 | **새로운 곳에 가기 싫어하는 아들**   175

: 예민한 특성에 잘 대응하는 법

8 | **분노조절이 어려운 아들**   180

: 휘말리지 않고 분노발작 다루는 법

★ | 아들TV : 아들의 공부 의지 불타게 하는 법   186

CHAPTER 2_ 소통

9 | **말을 도통 듣지 않는 아들**   191

: 전환능력을 길러주는 법

10 | **매를 들어야 부모 말을 따르는 아들**   199

: 갈등 없이 아이를 변화시키는 법

11 | **친구 무리 속에서 비속어에 눈을 뜬 아들**   207

: 비속어를 효과적으로 통제하는 법

12 | **짓궂은 행동을 골라 하는 아들**   213

: 장난과 깐족거림에 잘 대응하는 법

13 | **꼭 화를 내야만 말을 듣는 아들**   220

: 화내지 않고 아이를 대하는 법

14 | **거짓말을 하는 아들**　　　　　　　　　　　227

: 아들의 속내를 파악하는 법

★ | 아들TV : 자존감 높은 아이의 부모는 이런 잔소리 절대 안 합니다　233

CHAPTER 3_ 사회성

15 | **동생과 매일 싸우는 아들**　　　　　　　　　　239

: 형제지간 감정의 골이 쌓이지 않게 하는 법

16 | **부모와 전투적으로 대립하는 아들**　　　　　　247

: 아들과의 대립을 줄이는 법

17 | **부정적 감정을 처리하지 못하는 아들**　　　　252

: 자기 마음을 왜곡하지 않고 받아들이는 법

18 | **짜증을 자주 내는 아들**　　　　　　　　　　258

: 열등감과 괴리감에 매몰되지 않는 법

19 | **도와달라는 말을 못하는 아들**　　　　　　　265

: 세상에 대한 믿음을 심어주는 법

20 | **엄마의 말에 매번 억울해하는 아들**　　　　　272

: 마음은 인정하고 행동은 통제하는 법

21 | **다툼에서 지면 펑펑 울어버리는 아들**　　　　278

: 승부욕을 다루는 법

22 | **훈육을 굴복이라 생각하는 아들**　　　　　　284

: 즉흥적인 통제를 줄이는 법

23 | **지시를 받아들이지 않는 아들**　　　　　　　290

: 엄마와 아들 관계 바로잡는 법

24 | 점점 더 비밀이 많아지는 아들 | 296

: 사춘기 아들을 대하는 법

★ | 아들TV : 아들에게 꼭 필요한 성교육 4가지 | 300

PART 4

이게 다 게임 때문이라는 착각

: 게임 문제를 끊어내는 6-Step 전략

Step 1. | 아들이 게임만 하면 왜 화가 날까요? | 306

: 게임에 대한 부모의 감정 들여다보기

Step 2. | 아들은 왜 이렇게 게임을 좋아할까요? | 310

: 게임에 빠지는 아들의 심리 파악하기

Step 3. | 우리 아들은 게임중독이 맞을까요? | 317

: 엄마와 아들과의 관계부터 살펴보기

Step 4. | 게임은 해롭기만 한 것일까요? | 322

: 게임에 대한 인식 새롭게 하기

Step 5. | 게임을 어떻게 통제해야 할까요? | 327

: 갈등 없이 게임 시간을 제한하는 법

Step 6. | 아이가 게임을 스스로 조절할 수 있을까요? | 336

: 게임으로 무너진 일상 회복하기

★ | 아들TV : 엄마의 권위를 세우는 간단한 방법 | 344

PART 5

자기효능감을 좌우하는 부모의 교육관

: 아들의 학습력, 자존감을 향상시키는 법

1 | **억지로 시킨다고 실력이 쌓일까요?**   350

    : 강점을 통해 효능감을 키우는 게 우선이다

2 | **아들의 자존감은 어떻게 자랄까요?**   356

    : 사람은 자신이 설정한 정체성을 넘지 못한다

3 | **아들의 정체성은 어떻게 형성되나요?**   361

    : 적절한 개입으로 자존감 키워주기

4 | **공부에 대한 인식은 어떻게 변화할 수 있을까요?**   365

    : 작은 성공의 기적

에필로그   어린이를 미워하는 사회에 살고 있는 어른들에게   370

아들에게는
이유가 있습니다

··

상처 주지 않고 아들을 변화시키는 노하우

아들 키우는 일이
··
왜 이리 눈치 보이나요
··

한 어머님이 인터넷에 글을 올리셨습니다. 아들에게 웬만하면 여자아이들과는 어울리지 말라고 가르치고 있다는 것입니다. 최근에 여자아이들 몇 명과 어울려 놀다가 먼저 여자아이에게 맞아서 아이도 한 대 때렸는데, 학교에선 아들이 일방적인 가해자가 되어 있었다고 합니다. 이후에 적극적인 소명으로 오해는 풀었지만, 여자아이들과 어울려 노는 것이 조심스러워 그냥 되도록 여자아이들을 피해 다니라고 가르치고 있다 하셨습니다.

저는 수많은 아들 관련 문제에 대한 호소를 매일같이 듣습니다. 한 번 말해서 듣지 않는 아들 때문에 하루하루가 괴롭다는 아들 엄마의 호소, 상황에 맞지 않는 말을 하거나 과격한 행동으로 학교에서 고립될까 봐 걱정이라는 호소 등이 DM과 댓글로 날아옵니다. 아이를 셋이나 키웠는데 늦둥이 아들을 낳고 지옥에 빠진 것 같다는 호소도 기억에 남습니다.

요즘 사회 분위기를 보면 남자아이들의 문제가 유독 잘 드러납니다. 남자아이들이 여자아이들에 비해 주의력결핍과잉행동장애(ADHD)와 틱장애(TIC)가 네 배 이상 많은 것도, 충동성이 넘치고 기초학력 미달률이 두 배가 넘는 것도 사실입니다. 그래서 그런지 서점에는 남자아이와 관련된 책들이 넘쳐나고, 아들을 둘 이상 낳은 부모에게는 '아이들 때문에 힘들겠다'는 위로가 먼저 나갑니다. 시간이 갈수록 아들 키우는 엄마들은 아들을 잘 단속해야 한다는 생각만 팽배해져 가고, 반대로 아들을 잘 이해하려는 생각은 점차 줄어들게 됩니다.

'아들이라서 그렇다'는 말은 구시대적이며 시대착오적이라는 생각과 함께, 요즘 시대에 아들과 딸이 뭐가 다르냐는 의견도 많습니다. 물론 누군가에게 잘못을 저질렀을 땐 '우리 아이가 아들이라서'라는 말이 책임을 피하는 말이 될 수는 없습니다. 그러나 "남자아이, 여자아이가 다를 게 뭐가 있나요?"라는 이 말이, 자세히 들여다보면 '아이는 누구나 키우는 대로 변한다'고 믿는 시대가 되어가는 것 같아 못내 아쉽습니다. 아이를 백지로 보면 내가 아이를 주물러 만들 수 있을 것 같은 착각에 빠지게 됩니다. 그러나 똑같은 환경에서 다섯 명의 아이를 똑같이 키운다고 한들 다 다르게 자랄 것입니다. 생각보다 인간은 타고난 것에 영향을 많이 받기 때문입니다.

그래서 우리는 잘 가르치는 방법을 배우기 전에, 가르칠 수 없는 것이 무엇인지부터 알아야 합니다. 인종, 국적, 가족, 성격, 성별 등 한 사람이 쉽게 변하기 어려운 성질의 것들을 그 사람의 '정체성'이라 부릅니다. 특히 성별은 한 사람의 고유한 성격과 행동 양상에 지대한 영향을 미치는 변수입니다.

우리 아들을 어떻게 이해하고
코칭해야 할까

저는 이 시대를 잘못된 남자아이들의 시대가 아니라, 남자아이들의 타고난 기질을 이해하지 못하는 사회로 규정하고 싶습니다. 그들은 그저 자연의 일부이기 때문입니다. 엄마의 눈으로 아들을 보면 한없이 교정해야 할 것이 많은, 이해가 가지 않는 존재처럼 보일 수 있겠지만, 그들은 그저 다른 존재일 뿐입니다. 부족한 것이 아니라, 잘할 수 있는 것이 다른 것입니다. 그렇다면 어떻게 그들을 대해야 할까요? 험악한 분위기를 조성하지 않고도 그들의 감정을 다루는 방법에 대해 배워 가면 됩니다. 지금 이 순간도 아들들은 자신들의 알 수 없는 감정들을 잘 코칭해주고 다뤄줄 누군가가 절실하게 필요합니다.

아들을 키우는 부모 1,400여 명과 현직 초등교사 2,000여 명에게 설문조사를 한 결과를 보면 부모들 대다수는 아들에게 유독 화가 난다고 응답하였고, 현직 초등교사 중 90%가량이 남자아이들 때문에 학급 운영이 어렵다고 적었습니다.

저는 이 책을 통해 시중에 알려진 일반적인 교육법이 아니라, 남자아이들이 절실히 필요로 하고 원하는 코칭이 무엇인지를 세상과 공유하고 싶습니다. 예를 들어 한 가지에 몰입했다가 다른 과제로 전환하는 능력이 떨어진다는 아들의 특징을 듣고 나면, '얘는 왜 내 말을 듣고도 모른 척하지?'라고 생각하면서 화가 났던 순간이 '아, 나를 무시했던 것이 아니라 도움이 필요한 상황이었구나' 하는 깨달음으로 변화할 것입니다.

아들들의 대표적인 문제 상황으로 여겨지는 게임 중독, 유튜브 과몰입, 욕설 및 비속어 사용 등에 대해 어떤 관점으로 그들을 바라보고, 코칭해야 할지에 대해서도 세세하게 담아 보았습니다.

물론 모든 남자아이들이 그러한 것은 또 아닙니다. 어떤 아들은 어른보다 더 규칙을 잘 지키고 분위기를 파악하는 능력이 뛰어나기도 합니다. 그렇다고 고민이 없을까요? 이런 아들을 키우는 분들은 또 그 나름의 고민이 생기기 마련입니다. 한집에서 태어난 형제들이 각기 다른 어려움과 문제를 안고 다른 운명으로 살아가듯이, 지금 아들이 겪고 있는 어려움들이 여러분이 잘못 가르쳐서 생긴 문제가 아니라는 마음을 가지고, 한결 편안한 마음으로 이 책을 읽어보길 바랍니다.

아이가 말을 잘 듣는 편이라고 해서 내가 아이를 잘 가르친 결과라고만 볼 수 없고, 아이가 말을 잘 안 듣는 편이라고 해서 내 양육이 무조건 잘못되었다고 볼 수도 없습니다. 어떤 아이는 특별히 가르치지 않아도 분위기를 잘 보고 상황에 맞게 행동하기도 하지만, 어떤 아이는 부모가 아무리 잘 가르쳐도 충동적이고 잘못된 행동들을 보일 수 있다는 걸 알리고 싶습니다. 지금껏 내 아들의 문제를 자신의 문제로만 생각하고 자책하고 있을 부모님들에게, 아이와 앞으로 어떻게 시간을 보내는 것이 최선이 될 수 있는지에 대해 지극히 현실적인 관점으로, 세세하고 담담하게 전달해보도록 하겠습니다.

아들 코칭의 기본기
'공감육아'보다 '행동육아'

엄마 : 민준아, 엄마가 하지 말랬지. 하지 마.

아들 : 싫어요~ 할 거예요.

엄마 : 엄마 이제 정말 화낸다! 그만해! 무서운 엄마로 또 변해?

아들 : 히히히. 무서운 엄마로 변해!

엄마 : 따라하지 말랬지!!

우리는 아들의 이런 행동에 화가 납니다. 엄마가 화내기 직전까지 웃으면서 장난을 치는 아들을 볼 때면 가슴이 두근거리며 스트레스 수치가 치솟습니다. 하지만 엄마가 분노로 아들을 다스릴수록 아이는 엄마의 눈치를 보면서 '엄마가 진심으로 화내기 직전까지는 뭐든 할 수 있어!'라고 생각하기 시작합니다. 엄마는 '상대가 이렇게 싫어하면 안 해야 하지 않나?'라고 생각하지만, 놀랍게도 아들은 그렇게 생각하지 않습니다. 오히려 '엄마가 하지 말라는데 한 번 더 하면 어떻게 되는지 너무 궁금한데?'라는 생각을 합니다. 실제로 어떤 아들은 엄마의 눈을 똑바로 쳐다보며 엄마가 하지 말라는 행동을 한 번 더 합니다.

엄마 입장에서 이런 아들의 행동을 멈추는 가장 손쉬운 방법은 진심을 담아 화를 내는 것입니다. 결국 소리를 지르고서야 '엄마가 진짜 화났구나. 그만해야겠다' 하고 멈춥니다. 이 일이 반복되면 나는 늘 화내는 엄마가 되고, 아들은 '엄마를 힘들게 하는 못된 나'라는 자아상이 생겨버립니다. 이런 상황을 타개하기 위해 육아서를 열어보면 온통 더 많은 사랑과 공감을 주어야 한다는 말들이 눈에 보입니다.

"일단 아들의 마음을 읽어주시고요. 아들이 반항적으로 행동할수록 사랑이 필요한 거예요."

이런 이야기는 다시 엄마의 마음을 자극합니다.

'어느새 돌아보니 나는 화만 내는 엄마였구나.'

죄책감에 다시 이를 악물고 웃으면서 공감해주는 엄마가 되기 위해 노력합니다. 그러나 웃으려고 애를 쓰면 쓸수록 분노는 더 크게 터져버립니다. 이런 일이 반복되다 보면 엄마 입장에서 육아는 너무나 버거운 일이 되어버립니다.

대한민국에는 3대 육아법이라 불리는 것들이 있습니다. 어떤 말에도 '그랬구나'로 응수하라는 '구나 요법', 지시하지 말고 그냥 부모의 마음을 표현하라는 '아이(I) 메시지', 마지막으로 아이가 어떤 이야기를 해도 가르치기보다 먼저 공감하라는 '공감형 대화'. 이렇게 세 가지입니다. 이를 '공감육아'라 부르는데 어떤 아이는 엄마가 공감해주고 따뜻하게만 대하면 그런 점을 이용합니다.

"엄마가 짜증 나게 해서 이렇게 된 거잖아!", "엄마 때문에!" 이와 같은 말이 반복된다면 제일 먼저 공감육아를 하기 위해 지나치게 아들의 입장만 헤아린 건 아닌지 고민해봐야 합니다. 아들이 타인을 배려하는 방법을 배우지 못한 것일 수도 있기 때문입니다. 배려하는 아이로 자라려면 엄마만 아이를 배려할 것이 아니라, 아들에게도 상대를 배려할 수 있는 기회가 있어야 한다는 점을 기억해야 합니다.

한편, 인터넷에 이런 글이 올라오기도 합니다.

"아니, 애가 위험한 데서 뛰어내리고 있는데 거기서 '아, 우리 민준이가 정말 뛰어내리고 싶었구나' 하고 왜 공감하고 있냐고요. 답답하네요. 정말. 아이는 말을 안 들으면 때려서라도 가르쳐야 하는 거 아닌가요?"

일부 맞는 말입니다. 그러나 아이를 때려서 가르칠 때 생기는 부작용도 만만치 않습니다. 가장 큰 폐해는 약자가 말을 듣지 않으면 '때려서 가르쳐도 된다'는 인식을 아들이 하게 된다는 점입니다. 예를 들어 예전에 한 TV 프로그램에 폭군 아들이 나온 적이 있습니다. 엄마와 동생을 무지막지하게 때리는 아들을 보면서 '이런 애들은 때려서 가르쳐야지!'라고 분개하는 사람들도 있었습니다. 그러나 실상을 보니 이미 아빠가 아들을 무섭게 때리고 있었던 것입니다. 이처럼 폭력은 대물림된다는 말을 반드시 기억하셔야 합니다.

훈육 교정을 위해 만났던 한 부모님의 하소연이 떠오릅니다.

"때려서 가르치다 보니까 어느새 아들이 놀이를 하면서 장난감을 맴매하고 있더라고요. 제가 어린애한테 뭔 짓을 한 걸까요."

지나친 공감육아도 문제지만, 그렇다고 때려서 가르치는 것도 답이 아닙니다. 둘 다 감정을 기반으로 하고 있기 때문입니다. 이런 감정적인 육아법이 아들에게 먹히지 않는 이유는 공감능력보다 논리지능이 먼저 발달하는 뇌 때문입니다. 상대방의 입장을 헤아리고 맞추려는 마음보다 '그래서 어디까지 가능하다는 거지?'가 궁금한 존재이기 때문입니다.

딸로 태어난 엄마들은 여기서 당황합니다. 엄마는 당연히 말로 알아들을 거라 생각하는데 아들은 계속 엄마의 선이 어디까지인지 확인하기 때문에 힘이 듭니다. 딸은 엄마와의 '라포rapport'가 형성되면 상대의 시그널에 상대적으로 민감하게 반응하는 습성이 있는 반면,

---

• 주로 두 사람 사이의 상호신뢰관계를 나타내는 심리학 용어

아들은 엄마와의 라포와는 별개로 자신의 행동이 어디까지 허용되는지를 더 예민하게 파악하는 경우가 많습니다.

　그래서 아들에게는 '행동하는 육아'가 필요합니다. "엄마 이제 몸이 아파. 네가 사랑하는 엄마가 아파서 일찍 죽으면 좋겠어?" 등의 호소나 분노하는 말이 아니라 정확한 지침을 주고 그대로 따르지 않으면 행동으로 보여주는 단호함이 필요합니다. 정확하게 지시하고, 왜 그런 지시가 있는지 따뜻하게 설명해주고, 지시를 이행하지 않으면 엄마는 어떤 조치를 취할 것인지 충분히 설명해준 후 행동하면 됩니다. 이를 '행동육아'라 부릅니다.

　아이를 따뜻하게 대하는 마음과 공감이 필요 없다는 이야기가 아닙니다. 그저 따뜻함과 사랑만으로는 아이를, 특히 아들을 잘 키워내기엔 쉽지 않은 현실을 직시해야 합니다. 아들이 지속해서 내 선을 넘는데 바르게 제지할 방법이 없다 느껴지면 무력감이 찾아오게 됩니다. 까불이 아들을 키우신다면 공격하지 않으면서도 따뜻하게 제지할 수 있는 방법을 반드시 배워야 합니다.

〈행동육아법 4가지 지침〉

지시하고, 설명하고, 예고하고, 이행하기

① 민준아, 엄마랑 양치할까? (→ 제안 단계)

② 양치해야 민준이 이빨 안 썩어요. 민준이 그러다 큰 병원 갈 거야? 가서 큰 주사 맞을 거야? (→ 설득 단계)

③ 민준아, 엄마가 정말 많이 말했어요. 엄마 정말 이러다 화날 거 같아요. (→ 호소 단계)

④ 최민준! 이제 엄마 진짜 호랑이 엄마로 변해요? (→ 분노 단계)

일반적으로 육아를 하다 분노가 자꾸 올라오는 유형은 제안하고, 설명하고, 호소하고, 분노하는 루틴을 밟아갑니다. 행동육아의 기본은 분노를 빼는 것입니다. 분노는 일종의 시그널입니다. "내가 이렇게 화를 내는데도 너는 이 분위기를 못 읽니?"라고 외치는 것입니다. "아직 조절이 잘 안 될 수 있어. 스스로 조절해보고 안 되면 엄마가 도와줄 거야"라고 말하고 이행하면 됩니다. 하지만 끓어오르는 분노를 조절하는 일은 쉽지 않습니다.

저 역시 아들에게 크게 화를 낸 적이 있습니다. 그날은 제가 운전 중이었는데, 갑자기 창문이 열리더니 아들이 창밖으로 쓰레기를 던지기 시작했습니다. 그 모습을 볼 때 정말 화가 났습니다. 하지 말라는

경고를 몇 번이나 했는데도 그냥 계속해서 던져버린 것입니다.

물론 누구나 이런 상황에선 화가 납니다. 그러나 유독 화가 나는 이유는 '내가 운전하고 있는 상황'이었기 때문입니다. 목소리로 분노를 전달하는 것 말고는 아들의 행동을 조절할 수 없다는 생각이 들 때, 우리는 크게 화가 납니다. 나에게 '분노'라는 카드 외에 별 다른 수가 없었기 때문입니다. 만일 우리에게 분노하지 않고도 효과적으로 행동을 제지할 수 있는 방법이 있다면 어떨까요? 한결 여유가 있을 것입니다. 화내지 않고도 제지할 수 있는 방법을 알고 있기 때문입니다. 예를 들어 번번이 양치하자고 말할 때마다 "잠깐만"이라고 외치며 회피하는 아들 유형을 보겠습니다.

엄마 : 민준아, 이제 양치하는 게 어때? (제안)

아들 : 잠깐만, 이것만 하고. (회피)

엄마 : 양치 안 하면 나중에 병원 가서 주사 맞아야 돼. (설득)

아들 : 잠깐만, 이거 아직 안 끝났어. (회피)

엄마 : 민준아, 아까부터 계속하고 있잖니. 언제 하려고 그래? (호소)

아들 : 아, 이것만 하고! (회피)

엄마 : 너 진짜! 너무한 거 아니니? 엄마 이제 정말 화낸다? (분노)

일반적인 훈육이 '분노'로 가는 이유는 상황을 '말'로 해결하고 싶은 마음 때문입니다. '너 사람인데 왜 말로 안 되니. 말로 하면 좀 들어야 하지 않겠니?' 하는 생각에 제안하고 호소하다 분노로 가는 것입니다.

이번에는 이렇게 바꿔보겠습니다.

> 엄마 : 민준아, 그것까지 하고 양치해. (지시)
>
> 아들 : 잠깐만, 이것만 하고. (회피)
>
> 엄마 : 잘했어. 이제 끝났구나. 바로 양치할 거야. (지시)
>
> 아들 : 잠깐만, 이거 아직 안 끝났어. (회피)
>
> 엄마 : 민준아, 이제 셋까지 세고 안 되면 엄마가 번쩍 안아서 잡고 도와
> 줄 거야. (예고)
>
> 아들 : 아, 이것만 하고~~ (회피)
>
> 엄마 : 하나, 둘, 셋. 멈추기가 쉽지 않지? 엄마가 도와줄게. (이행)

이렇게 한 타임을 돌고 나면 다음부터 육아 난이도는 훅 내려가게
됩니다. 아들이 엄마 말을 듣지 않으면 어떻게 되는지를 배웠기 때문
입니다. '내가 말을 듣지 않으면 엄마가 화를 내진 않지만 강제로 해
야 하는구나'를 깨닫고 나면 "안 되면 도와줄 거야"와 같은 예고 단계
에서 "아냐, 내가 할 거야!"라고 외치며 앞으로 나오는 모습을 볼 수
있습니다.

기억하세요. 아들 코칭의 가장 핵심은 '공감육아'가 아닌 '행동육
아'입니다!

PART 1

아들을
키운다는 것

딸맘은 모르는 아들맘의 고충

인간관계 대부분의 갈등은 상대가 정말 무엇을 원하는지, 무엇을 피하고 싶어 하는지 이해를 하는 것에 대한 실패로 출발합니다. 혹시 이 글을 읽는 지금도 '쟤는 도대체 무슨 생각을 가지고 살아가는 걸까?'라는 생각이 들었다면 이 책을 정독할 필요가 있습니다. 아들이 가진 깊은 욕구를 제대로 알지 못하면 아들은 도무지 이해가 가지 않는 답답이 그 자체로 느껴질 수도 있습니다. 반대로 아들의 마음 깊이 원하는 욕구를 이해하면, 아들의 행동이 달리 보이기 시작합니다.

우리 아들은
대체 왜
그러는 걸까?

아들 때문에 너무 힘들다면 알아두세요

"선생님, 정말 아들이라 더 힘든 걸까요?"

이 질문에 답변드리기 위해 아들을 키우는 엄마, 아빠 1,402명에게 설문조사를 했습니다. 그중 1,028명(73.3%)의 부모님들이 자녀가 '아들'이라 더 어렵다고 느낀다고 대답했고, 1,209명(86.2%)은 아들과 딸의 타고난 차이점이 있다고 느낀다고 대답했습니다. 현장에 있는 전문가 선생님들은 어떨까요? 한 연수원 설문조사 자료를 보니 2,154명의 초등교사 중 1,944명(90.2%)이 남자아이들로 인해 학급 운영이 어려웠던 경험이 있다고 답변한 것을 보니, 전문가나 부모님이나 상황은 크게 다르지 않아 보입니다. 아들 양육, 아들 교육에 대해 80% 이상이 어려움이 있다고 느끼는 것입니다.

물론 아들 양육만 힘든 것은 아닙니다. 사람을 키우는 일은 모두 어려운 일입니다. 다만 나와 다른 성별과 성향을 가진 아이를 키우고 교육하는 일은 또 다른 고충이 있습니다. '자동차'나 '공룡'을 한 번도 깊이 있게 좋아하거나 싸움놀이를 즐겨본 적이 없는 엄마나 선생님에게 아들은 너무 사랑스러우면서도 물음표투성이일지도 모릅니다. 그럼 구체적으로 아들의 어떠한 문제로 힘들어하고 있을까요? 선생님들의 고충을 살펴보도록 하겠습니다.

1. 너무 심한 장난이나 공격적인 활동을 즐김. (71.4%)

2. 수업시간에 계속 웃기려고 하며 집중을 못함. (45.6%)

3. 고집이 세고 자기 생각대로만 하려고 함. 다른 사람 말을 듣지 않음. (38.4%)

4. 한 번 말하면 못 알아들음. 알아들으려 하지 않음. (37.9%)

5. 준비물 또는 교과서를 챙겨오지 않음. (29.7%)

앞의 다섯 가지 대표 행동을 보면 왜 선생님들이 교실에서 어려움을 겪는지 알 수 있습니다. 엄마 입장에선 수업시간에 웃기려고 무리수를 두다가 선생님에게 혼나는 아들이 이해가 가지 않겠지만, 아들의 세상에서는 너무 중요한 활동입니다. 여자아이들과 달리 남자아이들 소셜에선 계급이 높은 선생님에게 맞서고 웃기는 일이 인정받는 일에 속하기 때문입니다. 남자아이들을 이해하기 위해선 '인정'이라는 욕구에 귀를 기울여야 합니다. 아들은 엄마가 생각하는 것 이상으로 인정받고 싶어 하는 존재이기 때문입니다. 인간이 가진 여러 가지 욕구 가운데 아들은 유독 인정에 민감합니다. 그러다 보니 또래에게 인정받을 수 있다면 무리한 행동을 저지르기도 합니다.

예를 들어 게임이 그렇습니다. 상당수의 남자아이들은 또래에게 인정받기 위해 '게임'을 합니다. 게임이 재밌어서 하는 것도 있겠지만 게임을 잘할수록 친구들이 인정해주니, 친구들의 인정을 놓지 못해 게임을 하기도 합니다. 이런 욕구를 잘 이해하지 못한 채 게임만 조절하려고 하면 부딪히기 쉬워집니다. 아들은 나름 소셜에서 자신의 정체성을 지키기 위해 열심히 게임을 하는 것인데, 엄마는 아무것도 모르면서 게임 좀 그만하라고만 하니까 말이 안 통한다고 생각하기 쉽습니다.

인간관계 대부분의 갈등은 상대가 정말 무엇을 원하는지, 무엇을 피하고 싶어 하는지 이해하지 못하는 것에서 출발합니다. 혹시 이 글을 읽는 지금도 '쟤는 도대체 무슨 생각을 가지고 살아가는 걸까?'라는 생각이 들었다면 이 책을 정독할 필요가 있습니다. 아들이 가진 깊은 욕구를 제대로 알지 못하면 아들은 도무지 이해가 가지 않는 답답이 그 자체로 느껴질 수도 있습니다. 반대로 아들의 마음 깊이 원하는 욕구를 이해하면, 아들의 행동이 달리 보이기 시작합니다. 교실에서 선생님에게 지적받는 것을 감수하며 친구들을 웃기기 위해 무리수를 두는 아들이 그토록 원하는 것은 무엇인지, 아들이 길에서 넘어져서 일으켜 세워주려 할 때 짜증을 내는 이유는 무엇인지, 20자 글쓰기가 힘들어 두 시간을 끙끙 앓는 소리를 내는 아들은 무엇 때문에 그러는 것인지, 엄마가 하는 말마다 못 들은 척하는 아들은 무엇을 피하고 싶어 그러는 것인지를 바르게 이해하면 효과적인 코칭법이 무엇인지도 알 수 있습니다. 이를 위한 구체적인 방법을 함께 알아가보겠습니다.

> ★ 민준쌤 한마디
>
> 아들 육아가 유독 힘들게 느껴지는 이유는 엄마와 다른 특성이 많은 존재이기 때문입니다. 아들 코칭은 '다름에서 오는 문제'와 '교정해야 하는 문제'를 구분하는 지혜에서부터 출발합니다.

선생님은 아들의 어떠한 문제로 힘들까?

① 너무 심한 장난이나 공격적인 활동을 즐김. **71.4%**

② 수업시간에 웃기려고 해서 집중을 못함. **45.6%**

③ 고집이 세고 자기 생각대로 하려고 함. **38.4%**

④ 한 번 말하면 못 알아들음. **37.9%**

⑤ 준비물, 교과서를 챙겨오지 않음. **29.7%**

아들이 딸보다
더 부족해
보이는 이유

비교하지 말고 아들의 특성 먼저 파악할 것

실제로 남성과 여성에게는 많은 차이가 있습니다. 우리는 흔히 남녀의 차이를 '신체의 차이' 정도로만 알고 있지만 더 중요한 차이는 '뇌', '호르몬', '염색체' 등에 있습니다. 예를 들어 뇌 발달 순서를 보겠습니다. 남자아이들은 여자아이들에 비해 언어와 관련된 뇌 부위나 자신을 통제하는 뇌가 상대적으로 늦게 발달합니다. 그러다 보니 언어가 느리고 행동이 앞서는 경우가 많습니다. 잘못된 것이 아니고 느리게 발달하는 것뿐인데도, 말이 안 통하니 짜증 낼 일이 많아집니다. 행여 친구들과 문제가 생기면 자신의 입장을 잘 설명하는 여자아이들과 달리 큰소리로 무리하게 해명을 하다 과격한 아이로 낙인찍히는 일도 많습니다.

다르게 보면 언어가 느린 대신 행동이 앞서는 기질은 새로운 일을 접하고 도전하기에는 유리한 기질입니다. 그러나 대다수의 어른들이 원하는 아이의 모습은 사람들 앞에서 적절하게 자신을 조절하여 말로 표현하는 모습입니다. 아쉽지만 발달상의 차이는 여덟 살의 여자아이와 남자아이가 교실에서 동일하게 과업을 수행하도록 두지 않습니다. 결국 상당수의 남자아이들이 조곤조곤 말하기, 얌전히 앉아서 노트에 자신의 생각을 글로 적기, 선생님의 의견 경청하기, 소근육을 활용해 가위질 예쁘게 하기 등의 활동에서 뒤처집니다.

그렇다고 남자아이들이 부족하기만 한 것은 아닙니다. 어떤 상황에서도 우스운 일 찾아내기, 자신이 좋아하는 것에 몰입하기, 다른 사람들이 못 보는 거 발견하기, 이기기 위해 눈에 불을 켜고 노력하기, 대근육을 활용해 재빠르게 뛰어다니기, 높은 곳 올라가기 등에선 단연 뛰어난 능력을 보입니다. 다만 교실에서 인정받는 종목이 아닐 뿐입니다. 남자아이들 입장에선 동일 연령대 여자아이들이 가진 '조곤

조곤 말하기'나 '조용하게 글쓰기' 능력을 따라잡기 어렵습니다. 그러다 보니 많은 남자아이들이 열등감에 시달리고 있다는 것을 현장에서 많이 느낍니다. 자신에 대한 이상은 높은데 정작 자신은 별 볼 일 없는 사람처럼 느껴져서, 그 감정을 해결하지 못하고 짜증이 나는 것입니다.

특히 남자아이들은 자신을 객관적으로 바라보는 눈이 부족합니다. 공부할 때 문제를 꼼꼼하게 읽지 못하는 경우가 많고, 아는 문제를 덤벙거리며 틀리기 일쑤입니다. 게다가 모르는 걸 가르쳐주려 하면 매번 다 안다고 합니다. 그러나 막상 혼자 풀어보라고 하면 문제를 못 풉니다. 공부를 하지도 않으면서 자신이 서울대에 갈 것이라는 믿음을 저버리지 않습니다. 전형적인 '메타인지 부족 현상'입니다. 반면 여자아이들은 조금 더 객관적으로 자신을 바라보는 경향이 있습니다. 자신의 단점이 무엇인지, 자신이 어느 정도의 위치에 있는지, 지금 해야 할 일이 무엇인지 등 대체적으로 분위기를 잘 파악하는 편입니다. 실제 소셜 실험에서 남성과 여성 그룹을 나누어 상대의 매력도를 무작위로 평가하는 실험이 있었는데, 재미있게도 여성 출연자들은 스스로 생각한 자신의 점수와 소셜이 매긴 점수가 큰 차이가 나지 않았습니다. 반면 남성 출연자들의 경우 다른 사람들을 객관적으로 바라보지만, 자신에게만큼은 높은 점수를 주었습니다. 자신을 객관적으로 바라보는 눈, 많은 남자아이들이 반드시 넘어야 할 산입니다.

이런 남자아이들의 '허세' 혹은 '메타인지 부족 현상'이 나쁜 것만은 아닙니다. 자신의 능력을 과대평가하다 보니 자기 수준에서 하기 힘든 일도 덥석 도전하고는 합니다. 이런 특성 때문에 자신을 한계에 가두지 않고 넓게 생각하는 경향이 생기기도 합니다. 물론 반대의 경우도 있습니다만 한 아이가 올바르게 성장하기 위해서는, 자신을 객관적으로 이해하는 능력과 한계 상황에서도 더 새로운 것을 이룰 수 있을 거라는 이상과 믿음 모두 중요합니다.

그렇다면 이런 차이가 육아에 어떤 영향을 줄까요? 아들의 공감능력이 느리게 발달하는 대신, 상대적으로 논리지능이 빠르게 발달한다는 이야기를 들어보셨을 것입니다. 상대가 기분이 좋지 않을 것 같으면 알아서 조심하는 여자아이들과는 달리 남자아이들 세계에 '알아서'는 없습니다. 선생님들과 사석에서 인터뷰를 해보면 남자아이들이 제일 어려워하는 것 중 하나가 '분위기를 파악하는 것'이라는 말이 괜히 나온 것이 아닙니다. 물론 모든 남자아이들이 그런 것은 아니지만, 많은 실험을 통해 남자아이들이 상대의 얼굴을 바라보고 의중을 파악하는 능력이 부족한 것이 증명된 바 있습니다. 우리 아들이 공감능력이 다소 낮은 것 같다는 생각이 들면 '알아서 눈치껏 하겠지' 하는 마음을 지금보다 더 많이 내려놓을 필요가 있습니다.

★ 민준쌤 한마디

남자아이가 여자아이보다 부족한 게 아닙니다. 아이 고유의 특성을 알면 내 아이만의 장점을 더욱 선명하게 발견할 수 있습니다.

아들을 키우며
가장
어려운 점

··

화를 내기도, 참기도 어려운 딜레마의 순간들

"어휴! 아들이야? 아들 쉽지 않은데 괜찮겠니?"

한번은 아동 입양을 관리하는 기관의 관계자와 이야기할 기회가 있었습니다. 그분은 '사람들이 더 이상 아들을 원하지 않는 것 같다'며, 남자아이를 입양하고 싶어 하는 사람들이 줄어들고 있다는 이야기를 하셨습니다. 비슷한 이야기를 후원 단체 직원에게도 들은 적이 있습니다. 그 관계자는 남자아이들을 후원하려는 이들이 줄고 있다고 말씀하셨습니다. 이유를 물어보니 남자아이들의 후원 행사 참여율도 적고, 후원자에게 편지를 쓰지 않는 경우도 많다고 합니다. 단박에 수긍이 갑니다. 현장에서만 봐도 남자아이들은 편지 쓰기를 참 싫어합니다.

아들과 딸이 다르지 않다는 견해가 그 어느 때보다 강한 시대를 살지만 현실은 그렇지 않습니다. 시간이 갈수록 아들을 낳은 엄마들은 아들 엄마들끼리, 딸 엄마는 딸 엄마들끼리 어울리게 됩니다. 첫아이가 아들인 엄마한테 '엄마에게는 나중에 딸이 꼭 필요하다'는 이야기를 하며, '둘째는 딸이면 좋겠네'라는 말을 합니다. 아들을 둔 엄마가 둘째를 낳았는데 또 아들이면 엄마들 사이에서는 탄식의 소리가 먼저 나옵니다.

"아이가 너무 말을 안 들어요! 미치겠습니다. 엄마 눈을 똑바로 보고도 말을 안 듣고 도망가요. 하지 말라면 더 해요. 이거 왜 이런 거죠?"

아들을 키우다 보면 이해하려 해도 해결되지 않는 문제들이 등장합니다. 자신의 마음을 다루는 게 서툴러서가 아니라, 자신이 어른에게 어디까지 선을 넘을 수 있을지 확인하는 아들의 부류가 그렇습니다. 이런 아이들은 엄마가 말하면 실실 웃으면서 반대로 말하거나, 엄마의 권위를 흔들려는 모습을 보이곤 합니다.

그렇다면, 부모님들은 구체적으로 아들의 어떤 부분 때문에 어려움을 겪고 있을까요? 이 질문에 제대로 된 답을 찾기 위해 '아들을 키우면서 가장 어려운 점'이 무엇인지 물었습니다. '내가 아들을 키우면서 가장 어려운 점은 이것이다'라는 설문에 아들을 둔 어머님들은 이렇게 답했습니다.

1위 : 한 번 말해서는 듣지 않는 행동 (74.5%)

2위 : 게임과 스마트폰 (45.2%)

3위 : 상황을 고려하지 않는 말과 행동 (38.9%)

4위 : 충동적인 행동 (28.6%)

5위 : 학습문제 (24.2%)

압도적인 1위를 보니 강연할 때 듣는 질문들과 일치합니다. 대부분 어머님들이 가장 어려워하는 항목이 '한 번 말해서 듣지 않거나, 일부러 말을 더 안 듣는 행동'이기 때문입니다. 그럼 이런 문제가 있을 때 어머님들은 어떻게 대처하고 계실까요?

1위 : 크게 소리를 지른다. (68.4%)

2위 : 될 때까지 말로 타이른다. (10.9%)

3위 : 등짝을 때린다. (8.9%)

아들을 둔 엄마의 목소리가 걸걸해지는 이유가 밝혀지는 순간입니다. 한국에서 아들이 통제가 되지 않을 때, 가장 많이 활용되는 훈육 방식은 크게 소리를 지르는 것입니다. 이 설문에 나오지 않았지만 공통된 마음은 '소리 지르지 않고도 아들을 잘 키우고 싶다'일 것입니다. 실제로 '내가 아들을 키우며 가장 필요한 부분은 이것이다'라는 질문에는 이렇게 답변을 주셨습니다.

1위 : 종종 타오르는 분노 조절하기 (72.3%)

2위 : 평정심 유지 (67.3%)

3위 : 이랬다저랬다 하지 않는 일관된 태도 (45.6%)

위 통계를 보니 아들을 키우는 부모님에게 압도적으로 필요한 1순위는 바로 '분노 없이 아들을 대하는 방법'이라는 것을 알 수 있습니다. '분노 조절'과 '평정심 유지'가 각각 72.3%, 67.3%로 3위인 '일관된 태도' 45.6%에 비해 압도적으로 높습니다. 자녀를 키우는 부모들이 종종 '평정심 유지'가 어렵다는 점은 그다지 새로운 이야기는 아닙니다. 우리는 감정이 힘들 때마다 심호흡을 하는 등 나름의 조절 전략도 가지고 있습니다. 이미 알고 있는 이야기인데도 불구하고 스스로를 조절하기 어려운 이유는 무엇일까요?

감정은 참는다고 사라지는 것이 아니기 때문입니다. 우리는 보통 아이가 잘못을 하면 참는 경향이 있습니다. '아이에게 화내지 말라'는 이야기를 그저 '화가 나도 꾹 참아야 한다'는 것으로 오해하고 있는 것 같습니다. 감정은 물과 같아서 계속 참기만 하면 어느새 터져 나오기 마련입니다. 아이의 잘못된 행동에 분노가 치솟을 때, 그저 참기만 하면 생기는 가장 큰 부작용은 무엇일까요? 바로 '적절한 타이밍에 훈육을 하지 못한다'는 것입니다. 예를 들어 아들이 학원을 안 가고 피시방을 갔다 집에 돌아왔을 때, 우리는 바로 훈육할 수 있어야 합니다. 너무 화가 날 것 같아 잠시 훈육을 미루고 자리를 피한다고 해도, 분노는 사라지지 않고 내 몸을 돌아다닙니다. 그리고 그 화는 엉뚱한 곳에서 터지기 마련입니다. 예를 들어 아들이 핸드폰을 보는 모습만 봐도 "너 지금 핸드폰 볼 때니? 너 정말 생각이 있니? 없니?"와 같은 불필요한 말을 하게 됩니다.

가르쳐야 할 것에서 가르치지 못하고 엉뚱한 것에서 터뜨리는 훈육의 가장 큰 문제는 '반발심'을 낳는다는 점입니다. '아니, 피시방을 간 건 잘못했지만 그렇다고 사람이니 아니니 하는 건 엄마가 너무하는 거 같은데?'라는 마음이 들기도 합니다. 사람의 가장 주된 속성 중 하나가 '잘못을 인정하기 힘든 동물'이라는 것입니다. 이런 행태는 인정욕구가 강한 아들일수록 더 강하게 나타나기도 합니다.

아이가 잘못을 하면 훈육은 항상 그 즉시 이뤄져야 합니다. 타이밍을 놓치면 시간이 흐를수록 가르치기 어려워집니다. 아이가 뻔히 보이는 거짓말을 했는데, 화가 너무 나서 실망감에 말을 하지 않고 그저 참고 넘어간다면 분노를 조절했다고 보기보다는 숨겼다는 표현이 더 맞을 것입니다. 한편, 이미 노력해도 통제가 되지 않았던 경험들이 쌓여, 엄마에게 우울감과 무력감을 일으키기도 합니다. 특히 '통제감'을 잃고 터져 나오는 분노 직전엔, 반복된 통제 불능 상태가 있었을 가능성이 높습니다. 분노는 그저 참는 것이 아니라 적절히 표현해야 하는 것이며, 숨기는 것이 능사가 아니라 한 번이라도 바르게 드러내는 경험을 반복하며 조절하는 편이 맞습니다.

아들에게 화를 내지 않고, 잘 대하고 싶은 마음은 모두 같을 것입니다. 아이를 공격하지 않으면서도 잘못을 알려주는 방법은 조금만 배우면 누구나 할 수 있습니다. 최근 주말마다 아이들과 즐거운 시간을 보내는 가족들이 정말 많이 늘었습니다. 좋은 현상입니다. 하지만 아이에게 좋은 경험과 추억을 만들어주는 것보다 더 중요한 일은 평상시에 아이를 공격하지 않는 일입니다. 시간이 흐른 후, 부모는 아이들에게 잘해준 것을 기억하겠지만 아이들은 자신에게 소리 지르고 무섭게 대했던 순간을 더 오래 기억합니다. 한 어머님이 저에게 이런 이야기를 하신 적이 있습니다.

"선생님, 저희 아이가 자꾸 약속을 지키지 않아요. 얼마 전에도 6시까지 집에 오라고 말했는데 시간을 또 어긴 거예요. 6시에 집에

도착하려면 5시 50분에는 나와야 해서, 제가 시간 맞춰서 전화까지 했거든요? 그런데 아이는 자꾸 '아, 알았다고!' 하면서 결국 약속 시간을 30분이나 넘겼어요. 저는 이렇게 엄마를 무시하는 아들은 필요 없다고 말하고, 한두 시간 정도 문을 안 열어주었어요. 이러고 나면 아이가 반성할 줄 알았는데 오히려 위풍당당하게 들어와 도리어 화를 내는 거예요. 제가 이 아이를 어떻게 다뤄야 할지 모르겠어요."

아들이 엄마 말을 반복해서 듣지 않을 때는 반드시 조치를 취해야 합니다. 어영부영 그냥 넘어가다 보면, 아이는 엄마와의 약속을 안 지켜도 아무 일도 일어나지 않는다는 생각에 행동 조절이 어려워집니다. 그러나 아들의 행동을 제대로 잡겠다는 생각에 집에서 쫓아내는 등의 과한 조치를 취하고 나면, 아들은 자신의 잘못보다는 '엄마가 나를 쫓아냈다'는 생각에 빠져 이 문제의 원인을 엄마에게 돌리기도 합니다.

아들의 문제를 다룰 때 중요한 코칭 노하우 중 하나는 문제의 핵심을 상대에게 전가할 수 없도록 깔끔하게 가르치는 것입니다. 아들의 잘못에 훈육 강도를 지나치게 높이면 아들은 자신의 잘못을 인정하지 못하고, 엄마의 과한 조치에 집중하기 시작합니다. '네가 엄마를 무시했으니까 그만한 벌을 받아야 해'라고 훈육을 하더라도, 아들은 "엄마는 왜 별것도 아닌 일로 아들을 쫓아내? 그건 엄마가 잘못한 거 아니야?"라고 생각하기 쉽습니다.

엄마는 반성하라고 하는 말인데 아들은 반감을 갖는 이유입니다. 그래서 우리의 훈육은 늘 담백해야 효과를 발휘합니다. '잘못을 이번 기회에 뿌리 뽑아버리겠어!'와 같은 마음엔 분노가 담기기 쉽습니다. 엄마의 피드백과 조치가 문제의 본질과 멀어질수록 훈육의 효과는 떨어지기 마련입니다.

만일 아들이 늦게 들어온 문제라면 '너 엄마를 무시했구나, 아예 들어오지 마'라고 말하는 것보다는 "민준아, 10분 후에 약속시간이니까 지금 나와야 돼. 만일 6시까지 오지 않으면 엄마가 친구 집 벨을 누를 거야"와 같은 대응이 본질에 조금 더 다가간 조치라 볼 수 있습니다.

'네가 내 약속을 지키지 않으면 널 쫓아내겠어'는 엄밀히 말하면 보복과 응징에 가깝습니다. 보복은 또 다른 복수심을 키웁니다. 아들의 잘못이 1이라면 정확히 1의 강도에 맞는 행동 조절이 필요합니다.

★ 민준쌤 한마디

같은 문제 상황이라도 아이를 대하는 부모의 말과 태도에 따라 행동 변화는 다르게 나타납니다. 보복과 응징이 아닌, 아이의 문제행동에 준하는 대응과 조치가 필요합니다.

<잘못에 비해 훈육이 과도한 경우>

<잘못한 만큼만 정확히 훈육하는 경우>

혼을 낸다고
아들이
변할까요?

화내고 후회하고를 반복하는 근본적인 이유

모두에게 들릴 만한 성량으로 말하는데 아이가 계속해서 못 들은 체하고 있다면, 우리는 분명 화가 날 것입니다. 그런데 육아서는 매번 그저 화내지 말라고만 합니다. 이럴 때 우리는 무너집니다.

"어떻게 저렇게 못 들은 체하는 아이를 두고 화를 내지 않을 수 있죠? 육아하는 사람들은 다 보살인가요? 아이가 저렇게 행동하는데도 화내는 게가 잘못된 건가요?"

따져 묻고 싶으실 것입니다. 아닙니다. 상대 말을 뻔히 듣고도 못 들은 체하는 아이에게 화가 나는 일은 너무나 당연합니다. 저 역시 화가 납니다. 여기서 문제는 듣고도 못 들은 척하는 아이에게 화를 내는 것이 아니라, 아이의 행동을 '듣고도 못 들은 척한다고 해석하는 마음'에 있는 것입니다.

아이에게 화내지 않는 비결은 참는 것이 아니라 아들의 행동을 바르게 해석하는 것부터 시작합니다. 듣고도 못 들은 척하는 아이를 '전환능력이 부족한 아이'로 해석하면 화가 나질 않습니다. 내 말을 무시하는 것이 아니라, 한 가지 자극에 빠져 있으면 그곳에서 탈출해 엄마의 부름에 전환이 어려운 아이라고 정의하는 것입니다. 이런 해석은 분노를 참는 것이 아니라 분노 자체가 사라지게 만듭니다. 이 아이는 나를 무시하는 것이 아니라, 그저 전환이 어려우므로 아이의 전환을 돕기만 하면 됩니다.

어른을 도발하는 아이를 분노 없이 편안히 잘 다루는 어른들의 공통점은 그저 잘 참고 인내하는 것이 아닙니다. 그들이 어떤 이유로 그런 행동을 하는지 정확히 이해하는 것이 분노를 조절하는 가장 중요한 노하우입니다.

"제가 교사인데, 교실에서 기싸움을 벌이는 아이들이 있어요. 그럴 때 어떻게 해야 하나요?"

"아들이 저와 파워게임을 벌이는 것 같은데 제가 힘이 있다는 걸 보여줘야 되는 거죠?"

많은 분들께 종종 이런 질문을 받곤 합니다. 실제로 아이가 어른에게 파워게임을 걸어오는 순간은 존재합니다. 어른을 공격하거나 나쁜 표현을 한다면, 웃으면서 받아주어서는 안 됩니다. 그런데 여기서 가장 중요한 점은 이를 싸움이나 대립으로 받아들이지 않는 어른의 태도입니다. 기싸움이라 정의내리면, 정말 싸움이 되어버리기 때문입니다.

'저 아이가 나에게 기싸움을 거는구나' 하면 나도 모르게 아이를 이기려는 마음을 갖게 됩니다. 만일 이 행동을 '아, 이 아이가 아직 어른을 온전히 신뢰하지 못하는구나. 언제든 자신이 공격하면 어른도 공격할 것이라고 잘못 믿고 있구나'라고 신뢰의 문제로 해석해낼 수 있다면, 우리는 이 아이에게 신뢰를 주고 싶은 마음을 갖게 됩니다.

또 한번은 한 어머님이 아들이 너무 쓸데없는 말을 한다며 저를 찾아오셨습니다. 예를 들어 엘리베이터를 타면 그냥 가만히 서서 가지 않고, 꼭 같이 탄 이웃을 보고 불필요한 말을 한다는 것입니다.

"엄마, 저 아저씨는 왜 저렇게 배가 나왔어? 왜 대머리야?"

상상만 해도 고개가 절로 숙여지는 민망한 말입니다. 어머님은 아들의 버릇없는 모습에 화가 나기도 하고, 자신이 없는 자리에서도 아들이 저러고 다닐 것 같아서 자꾸 혼내게 된다고 말하셨습니다. 어머님 마음은 충분히 이해가 됩니다. 상황에 맞지 않는 말과 행동을 하는 아들을 보면서 많은 어머님들이 어려움을 느끼곤 합니다. 실제로 아들을 키우는 분들에게는 흔하디흔한 문제입니다. 이보다 더 큰 문제는 이런 마음이 훈육에 과도한 힘이 들어가게 한다는 점입니다.

"너 한 번만 더 사람들한테 실례되는 말해봐. 아주. 혼날 줄 알아."

아이가 상황에 맞지 않는, 불필요한 표현을 할 때는 방치해선 안 되며, 잘못된 점은 가르쳐야 하는 것은 분명합니다. 그러나 우리 역시 불필요한 감정을 내비쳐서는 안 됩니다. 어른들이 불필요한 말과 감정을 내비칠수록 아이들은 이를 순순히 받아들이기보다 대립하게 됩니다.

'아니, 그냥 말하면 될 것을 왜 꼭 화를 내지? 왜 저러는지 모르겠네.'

분명 정당한 훈육으로 시작했는데 아이가 반발하거나 수용하지 않는 모습을 보인다면 제일 먼저 내 말에 불필요한 요소가 있었던 것은 아닌지 돌이켜봐야 합니다. 그럼 이런 상황이 벌어지지 않도록 내 감정을 조절하는 가장 좋은 방법은 무엇일까요? 그 순간에 5초만 참거나 잠시만 자리를 피하라는 조언도 있습니다만, 저는 더 본질적인 이야기를 드리고 싶습니다. 아이가 왜 저런 행동을 하는지 명확하게 아는 것만으로도 부모의 감정은 상당히 많이 누그러집니다.

우리가 아이를 가르칠 때 주의해야 할 순간 중 하나는 문제를 뜯어고쳐야겠다는 마음이 들 때입니다. 이럴 때 우리는 화가 날 수도 있습니다. 결국 어머님은 저를 찾아오셨고, 이 아이가 왜 이렇게 쓸데없는 말을 하는지 질문을 주셨습니다.

엘리베이터에서 불필요한 이야기를 한다는 아이를 직접 만나보니, 실제로도 쓸데없는 말이 많은 아이였습니다. 다만 그러한 말을 하는 순간은 대개 긴장이 되거나 불안할 때였습니다. 이 아이는 엘리베이터에서 낯선 남성을 보며 자신도 모르게 긴장했던 것이고, 엉뚱한 말을 통해 상대가 안전한지를 확인하고 있었던 것입니다.

이 모든 사실을 알면 아이를 대하는 자세가 사뭇 달라집니다. 불필요한 말로 긴장을 달랬을 아이를 생각하니 안쓰럽기까지 합니다. 비로소 우리는 아이를 뜯어고쳐야겠다는 생각을 고치고, 이렇게 말할 수 있게 됩니다.

"민준아, 긴장되었니? 엄마도 알아. 그래도 상대방이 싫어할 만한 말은 하지 않아야 하는 거야."

우리는 텔레비전에 나오는 아동 관련 전문가들이 아이에게 화내지 않고 부드럽게 대하는 태도를 보며 그들처럼 말하고 싶어 합니다. 하지만 정작 그 무엇보다도 중요한 것은 아이들을 바라보는 그들의 관점입니다. 같은 행동을 어떻게 해석하느냐에 따라 아이의 행동에 대한 내 감정은 달라집니다.

'저거 내가 우스워서 저러는 거야.' 이런 생각으로 아이를 대할 때와 '아직 감정 조절이 많이 서투르구나. 조절할 수 있게 내가 도움을 주겠어'라는 마음으로 아이를 대할 때는 전혀 다른 행동이 나오게 됩니다. 전문가들이 "어린아이들에게 화내지 마세요. 감정을 조절하세요"라는 말이 나에게 와닿지 않거나 비현실적이라고 느껴진 적이 있을 것입니다. 그럴 땐 감정을 조절하기에 앞서, 상대의 의도를 정확하게 파악하려는 노력이 필요합니다. 행동만 보면 화가 났던 일들이 의도를 바르게 이해하고 나면 화가 나지 않는 경우가 많기 때문입니다. 상대를 바르게 이해하는 것은 모든 감정 조절의 첫 번째 단계입니다.

⭐ **민준쌤 한마디**

부모가 아이의 행동을 하나하나 지적하기보다는, 그 행동을 어떻게 해석하는지가 더욱 중요합니다.

<엘리베이터 안>

엄마! 저 아저씨는 왜 저렇게 뚱뚱해?

얘가 미쳤나 봐...!

<아들TV> 화제의 영상
아들맘에게 꼭 하고 싶은 이야기

아들과 잘 지내는 부모들의 공통점 3가지

아들TV

on air ✓

이렇게 말하면 아들은 부모를 좋아할 수밖에 없습니다

많은 어머니들이 아들을 키우는 게 너무 힘들다고 얘기하세요. 그런데 일부 어머니들은 오히려 아들 키우는 게 편하다고 하십니다. 어떤 말투와 행동 습관을 가졌을 때 아들과 사이가 좋아질 수 있을까요?

유독 아들과 잘 지내는 어머니들의 가장 중요한 특징 중 하나는 아들이 갖지 못한 것보다 갖고 있는 것을 봐주는 눈이 발달했다는 거예요. 무슨 말일까요?

아들들에게 엄마가 어떤 사람이냐고 물어보면 이렇게 답하는 경우가 많아요.

"저 잘하는 거 되게 많아요. 그런데 우리 엄마는 제가 못하는 것만 봐요."

이런 이야기를 들을 때면 아이들이 정말 짠하게 느껴집니다. 어느 아이나 잘하는 것도 있고, 부족한 점도 있기 마련입니다. 아들들은 그 누구보다도 인정받고 싶어 합니다. 특히 나를 키워주고 내가 제일 사랑하는 우리 엄마한테 너무너무 인정받고 싶어 합니다. 그런데 엄마는 내가 잘하는 거 말고, 내가 부족한 것만 귀신같이 찾아냅니다. 바로 여기서 아들과 어머니들 사이의 삐걱거림이 시작되는 경우가 많습니다. 아들과 사이좋게 잘 지내려면 이 부분을 꼭 기억해야 됩니다. 아들을 움직이려면 불안과 지적이 아니라 욕구와 동기를 건드려주는 것이 훨씬 효과적입니다. 아이가 무엇을 잘못했는지 찾아내려고 하기보다는, 이 아이가 얼마나 노력했는지 인정해주세요. 이런 관점에서 접근한다면 아들과의 관계가 훨씬 좋아질 것입니다.

아들과 사이가 좋은 어머니들의 두 번째 특징은 본질에 가까운 말을 많이 한다는 것입니다. 아들들은 유독 분위기를 못 읽습니다. 엄마의 기분도 잘 알아채지 못해요. 어머니들이 화를 낼 때 많이 하는 말이 있어요.

"그만해. 그만하라고 했다!"

다들 한 번쯤 해보셨을 것입니다. 이 말은 내가 지금 기분이 좋지 않고 속상하니까 그런 행동을 하지 말라고 얘기하는 것이지요. 그런데 '공감의 뇌'보다 '이성의 뇌'가 많이 발달한 아들들에게는 이런 말이 먹히지 않습니다. 이런 말을 들으면 아들들은 무슨 생각을 할까요?

'엄마가 이거 하지 말라고 했는데 한 번 더 하면 어떻게 될까?'

이런 생각을 합니다. 그럼 어떻게 얘기해야 될까요? 그 행동을 하지 말아야 하는 본질적인 이유를 설명해야 합니다. 예를 들어서 온종일 게임만 하는 아들이 있어요. 보기 싫기도 하고 불안하기도 합니다. 이때 어머니들은 "생각이 있으면 게임 그만해야 되는 거 아니야? 아직도 게임만 하는 거야?" 이렇게 무작정 통제하려고만 합니다. 이런 식으로는 아들의 반감만 살 뿐입니다. 말하는 방식을 바꿔야 합니다. 다음과 같이 말한다면 아들의 자세가 이전과는 전혀 달라질 것입니다.

"게임하는 게 나쁘다는 건 아니야. 할 수 있어. 그런데 게임하는 것과 동시에 약속을 지키는 연습, 조절하는 연습도 반드시 해나가야 돼."

아들과 사이가 좋은 어머니들의 세 번째 특징은 아들의 관심사를 함께 한다는 거예요. 아들들이 좋아하는 것은 대개 어머니들이 관심 없는 것들뿐입니다. 게임이나 공룡, 곤충 같은 걸 좋아하는 어머니는 정말 드뭅니다. 특히 싸움놀이, 이런 건 정말 싫어하지요. 저는 아들과 관계가 멀어진 어머니들에게 아이의 관심사를 알아보는 노력을 하라고 권유합니다. 아들이 좋아하는 게임을 한번 같이 해보세요. 유튜브도 같이 봐보세요. 게임을 통제하려면 게임의 흐름을 알아야 합니다. 어떤 점 때문에 게임에 몰입하게 되는지, 소위 '현질'을 왜 하게 되는지 알지 못하면 바르게 통제할 수 없습니다. 아들의 관심사가 나와 다를지라도 그 세계에 퐁당 들어가서 함께 해보고, 아이의 손을 잡고 인도해주는 자세가 필요합니다.

지금까지 세 가지 특징을 말씀드렸는데, 가장 중요한 핵심 한 가지만 꼽는다면 절대로, 절대로 아들과 대립하지 마세요. '나를 위해서 네가 좀 움직이라고 말하는 관계'가 아니라 '한 팀'이 되어서 이야기하는 습관을 가져야 합니다. 무작정 막기보다는 "네가 이것을 해내기 위해선 지금 이것을 배워야 돼"라고 말씀해보세요. 이것이 바로 아들과 사이좋게 지내는 노하우입니다.

PART 2

아들 엄마, 이래서 힘이 듭니다

아들과의 갈등, 어떻게 해결해야 할까

우리 강아지 ...

도
발

내가 나와 다른 아들을 낳았고, 그의 마음을 잘 알고 더 많이 소통하고 싶다면 그의 세계로 들어갈 필요가 있습니다. 내가 사랑하는 아들이 자동차에 푹 빠져 있으면, 결국 내 인생에 자동차가 들어오는 것이고, 아들이 게임에 푹 빠져 있으면 내 인생에 게임이 저벅저벅 들어옵니다. 마음을 내려놓고 한번 아들의 세계에 들어가보기를 바랍니다. 아들이 왜 그렇게 게임을 좋아했는지 옆에서 자세히 보아야 알 수 있고, 아들이 친구 문제로 하루 종일 표정이 안 좋을 때도 옆에 있어야 진짜 이유가 무엇인지 알 수 있습니다.

한 번 말하면
왜 듣지를 않니?

부모의 권위가 뚝뚝 떨어지는 순간

여러분은 아들을 키우며 무엇이 가장 어려우셨나요? 아들을 키우며 가장 어려운 항목에 대한 설문조사를 한 결과 무려 75%를 차지했던 압도적 1위는 '한 번 말해서 듣지 않는 행동'이었습니다. 이 결과는 설문조사를 할 때마다 꽤 오랜 기간 동안 같은 결과가 나오고 있습니다. 때문에 우리는 우리 마음의 평화를 위해서라도 '왜 아들이 한 번 말해서 듣지를 않는가?'에 대해 반드시 생각해봐야 합니다. 도대체 왜 그런 것일까요?

첫 번째 이유로는 아들들의 청각이 약하다는 주장이 있습니다. 실제 실험을 통해 밝혀진 결과로 남자아이들 집단은 여자아이들 집단에 비해 현저히 말소리를 듣지 못하는 것으로 나타났습니다. 특히 두 단어를 한 번에 말하면 여자아이들은 대부분 두 가지를 다 듣지만 남자아이들 집단은 둘 중 하나도 제대로 듣지 못했습니다. 재미있는 점은 남자아이들이 듣지 못하는 소리들이 언어 영역에 관련된 데시벨에 국한되어 있다는 점이었습니다. 기계음이라든지 공룡 소리라든지 공부하다 누가 지나가는 소리 등은 여기서 제외됩니다. 실제로 ADHD로 진단을 받았던 아이들 중 일부는 교실에서 앞자리로 자리를 옮겨서, 선생님 목소리가 잘 들리도록 하는 것만으로도 문제가 해결되었다는 사례도 있습니다.

그러니까 일부러 듣고도 못 들은 척한다는 우리의 생각과는 달리, 진짜 같은 거리에서 듣지 못하는 아이들이 상당하다는 것입니다. 내 말을 무시하는 아들을 대할 때 무장해야 하는 중요한 마음가짐 중 하나는, '저 아이는 내 생각보다 청각이 약할 수 있다. 일부러 저러는 게 아니다'라는 점을 반복해서 생각해보는 것입니다.

두 번째 이해해야 하는 부분은 '멀티 능력'의 차이에 있습니다. 인간의 뇌는 '좌뇌'와 '우뇌'를 잇는 다리 역할을 하는 부위가 있는데 이를 '뇌량'이라 부릅니다. 실제로 남녀 간의 '뇌량' 크기는 큰 차이가 있습니다. 여자아이들의 뇌량을 도로로 비유해 왕복 8차선에 가깝다면 남자아이들의 뇌량은 갓길 수준에 가깝습니다. 그러하기에 아들이 만화를 보거나 놀이에 집중한다면, 뇌량 가운데 자동차가 주차되어 있는 것과 같은 상황이 됩니다. 이때는 더 이상 다른 자극이 들어오지 않을 수 있다는 점을 인식하고 그들을 대해야 합니다. 일부러 안 듣는 것이 아니라 한 가지 자극에 집중하고 있으면, 엄마가 주는 다른 자극들이 전혀 닿지 않을 수 있다는 것입니다.

아들이 다양한 이유로 내 이야기를 제대로 듣지 못할 수 있다는 점을 이해하는 것은 무척 중요합니다. 모르면 자꾸 화가 나기 때문입니다. 종종 본인이 아이에게 무섭게 하지 않아서 말을 듣지 않는 것 같다고 오해를 하시는 분들이 있습니다. 그런 이야기를 들을 때마다 참 안타까운 마음이 듭니다. 부모의 말을 못 들은 체하는 아이의 마음은 다양하겠지만, 분명한 건 아이를 무섭게 대하는 것은 옳지 않다는 점입니다.

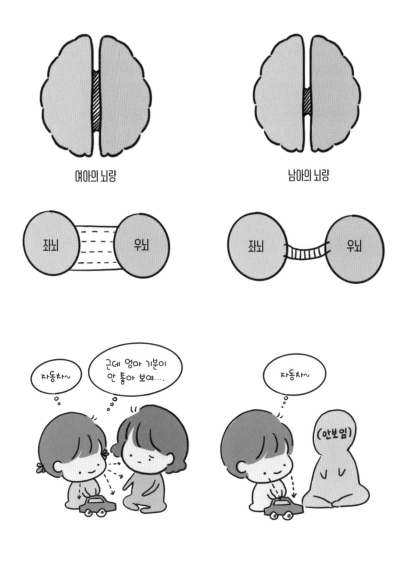

"선생님. 사람이 원래 한 번 말하면 들어야 하는 거 아닌가요? 왜 우리 애는 같은 말을 또 하고 또 해야 하나요."

　많은 어머님들에게 듣는 호소입니다만, 이는 대표적인 '인지적 오류'이기도 합니다. 우리는 잘 인지하지 못하고 있지만, 원래 사람은 한 번 말해서 잘 듣지 않습니다. 못 믿으시겠다면 작년 새해에 다짐했던 나와의 약속을 한번 떠올려보세요. 얼마나 이행하셨나요? 아마도 지키지 못한 나와의 약속이 많을 것입니다. 이를 통해 깨달아야 하는 것은 '내가 내 말 듣기도 쉽지 않은데, 어쩌면 아직 어린 우리 아들은 내 말을 따르느라 고생이 많았겠구나' 하는 정도의 생각입니다. 내 마음 깊은 곳에 원래 사람이 한 번 말하면 들어야 한다는 생각이 깔려 있으면 분노할 일이 참 많아집니다.

　"핸드폰 그만해라, 양치해라, 공부해라."
　엄마가 아이에게 이렇게 말해서 한 번에 딱 듣지 않는 것은 '지극히 정상'입니다. 혹시 주변에 여러분의 말을 한 번에 딱딱 들어주고 있는 사람이 있나요? 그렇다면 꼭 아셔야 합니다. 그 분은 정말 많이 노력하고 배려하고 있는 것입니다. 이를 잘 모르면 아들의 모든 행동이 분노의 씨앗이 됩니다.
　'안 되겠어. 내가 너무 오냐오냐 키운 거 같아. 전에 보니까 옆집 애들은 한 번 말하면 딱딱 듣던데 우리 애들은 왜 저러지? 나도 한 번

딱 말하면 듣게 해야겠어' 하는 생각이 들면 그때부터 훈육에 힘이 잔뜩 들어가기 시작합니다. 그냥 차분하게 말하면 될 것을 '한 번 말해서 듣는 아이가 정상'이라는 생각 때문에 아이에게 화를 내게 되는 것입니다.

"최-민-준. 엄마가 좋게 말할 때 그만해. 어-허, 또 시작이야? 너?"

그럼 아이는 이렇게 생각합니다.

'아니 그만하라고 좋게 말하면 될 것을 왜 꼭 화를 내고 그러지?'

부모의 권위가 뚝뚝 떨어지는 순간입니다. 별것도 아닌 것에 자꾸 화가 나거나 힘이 들어간다면, 딱 한 번에 아이를 움직이게 만들려는 잘못된 노력을 하고 있지는 않은지 점검해봐야 합니다. 앞서 말했듯이 원래 사람은 한 번 말해서 듣지 않는 것이 정상이며, 그러하기에 우리는 부드럽게 여러 번 나눠서 충분한 횟수로 말해줘야 합니다.

> ★ 민준쌤 한마디
>
> 여러 번 반복해서 얘기할 때 아이들은 엄마가 '무섭다'가 아닌, '지독하다'고 느껴요.
> 잊지 마세요. 훈육은 '무섭게'보다는 '지독하게'.

2

넌 왜 꼭
무섭게 해야만
말을 듣니?

체벌은 전염될 수 있습니다

온라인에서 아이들의 잘못된 행동과 관련된 기사가 뜨면 '역시 아이들은 맞아야 버릇이 고쳐진다', '체벌이 필요하다'는 댓글을 심심치 않게 볼 수 있습니다. 한편, 엄마들 사이에서 말을 안 듣는 아들에 대한 고민을 하다가 이런 말이 오고 가기도 합니다.

"언니, 남자 애들은 한번 힘으로 꺾어줘야 한다?"

이는 남자아이들에 대한 깊은 이해가 부족한 말입니다. 남자아이들은 승부욕이 강한 편입니다. 여러분이 훈육을 '아동을 굴복시키는 것'으로 이해하신다면 아들은 기꺼이 여러분의 승부를 받아들일 것입니다. 아들이 훈육을 엄마와의 승부로 느끼고 있다면 아들을 이기려할 게 아니라 엄마와의 관계를 승부가 아니라는 사실부터 가르쳐야 합니다.

한번은 엄마가 무섭게 하거나 매를 들어야만 말을 듣는 아들을 만난 적이 있습니다. 엄마의 가장 큰 고민은 아이가 다른 친구들을 자주 오해하고 때리거나 군림하려는 태도를 보인다는 점이었습니다. 안타깝게도 아이는 초등학교에 입학하고 한 달 만에 학폭위가 열려 강제 전학을 당한 이후였습니다. 이런 글을 보면 상당수의 사람들은 부모가 너무 무르게 아이를 대했을 거라 쉽게 예측합니다. 그러나 해당 부모님은 그렇지 않았습니다. 오히려 아이는 엄마, 아빠 말이라면 두려워하고 무서워했습니다. 그러나 아무리 무섭게 해도 효과는 잠시뿐, 곧 아이는 주변 친구들을 공격했습니다. 아이가 저를 만나서 했던 말 중에 가장 기억에 남는 말은 "선생님, 엄마한테 이를 거예요?"였습니다.

남자아이들 소셜은 특유의 서열 문화에 익숙합니다. 이는 초등학교 선생님 설문 내용에도 드러납니다. 서열 문화라 함은 누가 힘이 더 센지 겨루고, 약한 아이에게 군림하려는 태도를 의미합니다. 서열 문화의 핵심 문제는 '힘이 약한 자에게 군림하는 것이 당연하다'고 느낀다는 점입니다.

이런 의미에서 우리는 손에서 체벌을 놓아야 합니다. 아이들을 체벌하는 부모의 입장은 '네가 말을 듣지 않으니까 너를 가르치기 위해 때리는 거야'일 것입니다. 때려서 가르치면 당장의 아이 행동은 교정이 될 수도 있습니다. 하지만 문제는 체벌이 전염된다는 것입니다. 본인이 부모의 말을 듣지 않아 부모에게 맞았다고 보는 아이들이 있습니다. 그런 아이들은 나보다 약한 친구들이 내 말을 듣지 않으면, 나도 상대를 무섭게 대하는 것이 정당하다고 생각하게 됩니다.

그러니까 아이들은 늘 우리에게 훈육을 받으면서, 내 말을 잘 듣지 않는 상대를 어떻게 관철시켜야 하는지를 유심히 보고 배우고 있다는 것을 기억해야 합니다. 당장 효과가 있다고 해서 체벌을 쉽게 생각해선 안 됩니다. 어떤 아이든지 체벌하지 않고도 분명하게 가르칠 수 있습니다.

★ 민준쌤 한마디

훈육을 한다는 목적으로 '체벌'을 하는 경우가 있습니다. 어떤 이유로도 체벌은 정당화될 수 없다는 걸 잊지 마세요.

3

숙제를 안 하고
불안하지도 않니?

아들에게 맞는 동기부여 배우기

초등학교 선생님들이 남자아이들을 가르칠 때 가장 어려워하는 것 중 5위가 바로 '준비물을 가져오지 않음'(640명, 29.7%)입니다. 예로부터 전설처럼 남자아이들은 준비물 챙기는 손이 여물지 못하다는 말이 떠돌았는데, 이는 전설이 아니라 실제입니다. 도대체 아들들은 왜 준비물을 가지고 오지 않는 걸까요? 선생님 말을 귀담아듣지 않았을 수도, 집에 와서 재미난 놀이를 하다 까맣게 잊었을 수도 있지만, 제가 생각하는 가장 큰 이유는 '그런 일은 별로 불안하지 않아서'입니다.

아들이 상대적으로 불안이 부족하다는 사실은 소아정신과 의사들이 집필한 DSM(정신진단 통계 및 매뉴얼) 자료만 봐도 알 수 있습니다. 상대적으로 여자아이들에게 불안에 관련된 질환이 많이 찾아오고 남자아이들에게는 충동에 관련된 질환이 많이 발견됩니다. 이를 토대로 우리는 내가 불안해하는 지점에서, 우리 아들은 하나도 불안하지 않을 수 있다는 점을 생각해봐야 합니다.

예를 들어 엄마 입장에서는 자녀를 초등학교만 보내 놓아도 '다른 엄마들은 다 아는데 나만 모르는 것이 있지 않을까' 하는 불안이 수시로 몰려옵니다. 다른 아이들이 다 가져오는 준비물을 우리 아들 혼자만 가져가지 않는다는 것은 엄마들에게는 끔찍한 일입니다. 하지만 많은 아들들은 그렇지 않습니다. 학교에 자신이 준비물을 가지고 오지 않아 곤란해지는 상황보다는 친구들과 게임하는 시간에 늦지 않는 일이 더 중요합니다.

'불안'은 중요한 동기 중 하나입니다. 우리는 상당히 많은 일들을 '불안'해서 시작합니다. 불안해서 한 번 더 알림장을 확인하고, 아들의 책가방이 저녁에 다 준비되어 있지 않으면 다그치게 됩니다. 그런데 우리 아들은 이런 부분에 불안을 별로 느끼지 않을 수 있습니다. 이는 중요한 깨달음이 됩니다. '도대체 쟤는 뭘 믿고 저렇게 천하태평일까?' 하는 의문이 자주 드셨다면 이게 답이 되길 바랍니다. 그냥 애초에 그런 것에 불안을 별로 못 느꼈을 뿐인 것입니다. 아들도 나도 잘못되지 않았습니다. 그저 우리는 다른 사람일 뿐입니다. 그렇다고 아들에게 불안이 없다고 볼 수는 없습니다. 예를 들어 많은 아들들에게는 '나의 능력 부족이 드러나는 것'에 대한 특유의 불안이 존재하기도 합니다.

그래서 아들을 코칭할 때 "민준아, 너 숙제 안 하고 놀면 불안하지 않아?"라는 말로 동기를 끌어올리려는 행동은 효율적이지 못했던 것입니다. 아들은 이보다 그냥 "혹시, 수학 문제 몇 초 만에 풀 수 있니?" 등의 말이 더 강한 동기가 됩니다.

그러므로 아들은 대체적으로 불안보다 욕구를 중심으로 행동한다고 정리할 수 있습니다. '너 이거 안 하면 불안하지 않아?'라는 불안을 건드리는 말보다는, 아들이 원하는 것이 무엇인지 파악하고 그것을 얻기 위해선 어떤 노력을 해야 하는지 코칭하는 방식이 필요합니다. 공부를 가르친다면 주로 틀린 것을 지적하기보다는, 노력한 것과 잘한 것을 찾아주어 격려하는 방식이 대체로 효과적입니다.

우리는 아들이 무엇을 두려워하는지보다는 무엇을 얻고 싶어 하는지에 관심을 가져야 합니다. 특히 이 코칭법은 나의 평소 동기가 무엇을 얻기보다 무엇을 피하기 위해 더 많이 익숙했던 사람일수록 생소하게 느껴질 수 있습니다. 여자아이들에게 대체로 중요한 동기는 안 전해지는 것, 또래 친구들 사이에서 배제되지 않는 것, 부모와 교사에게 사랑받는 것 등이라면 아들에게 중요한 동기는 대체로 인정받는 종류의 것입니다. 엄마, 아빠에게 내 멋진 모습을 보여주는 것, 친구들에게 인정받고 받아들여지는 것, 내가 원하는 것을 잘하게 되는 것, 사람들을 구하고 영웅이 되는 것 등임을 기억해주시면 좋겠습니다.

★ 민준쌤 한마디

아들의 동기를 자극하기 위해서는 아들의 인정욕구를 알아주는 것이 우선입니다.

가르쳐주지도 않았는데
왜 이렇게 과격하니?

싸움놀이에 끌리는 과격한 마음

교실에서 선생님들이 가장 이해하기 어려웠던 남학생의 행동은 무엇일까요? 설문에 따르면 바로 '심한 장난이나 공격적인 활동을 즐김'이었습니다. 응답 비율은 71%로 무려 2,154명의 선생님 중 1,539명의 선생님이 이 부분이 가장 이해가 되지 않는다고 답변 주셨습니다. 교실 내에서 여자아이들과 남자아이들 무리가 노는 방식은 확연히 다릅니다. 여자아이들은 몸을 쓰는 활동보다는 삼삼오오 모여서 노는 경우가 많습니다. 교실 뒤편에서 레슬링을 하고 '푸슈, 푸슈!' 하는 의성어를 넣어가며 싸움놀이를 즐기는 무리는 대부분 남자아이들입니다.

한번은 괴물과 좀비 등 무시무시한 그림만 그리는 남자아이의 어머님과 상담한 적이 있습니다. 어머님은 아이 정서에 문제가 생겨 자꾸 위험하고 무서운 그림으로 빠지는 것 같다고 말씀하셨습니다. 아이에게 본인이 무엇을 잘못했기에 아이가 이렇게 되었는지 모르겠다며 심한 자책을 하셨습니다. 아이는 심지어 도시를 다 부수고 싶다는 이야기도 서슴없이 했다고 합니다. 근심 어린 어머님을 뒤로한 채 아이를 만나 물어봤습니다.

"○○이는 왜 도시를 부수고 싶어?"
"저는 퍼시픽림에 나오는 카이쥬(괴물)가 좋거든요."

대화를 깊게 해보니 아이는 어려서부터 '파충류'와 '곤충'을 너무 좋아했고, 최근에는 파충류를 닮은 괴물이 나오는 영화 〈퍼시픽 림 Pacific Rim〉에 빠져 있었습니다. 괴물이 도시를 부수는 영화 속 장면에 심취해 있었던 것입니다. 이 아이가 사람을 공격하고 죽이고 싶은 비뚤어진 성향의 아이였을까요? 그저 괴물 캐릭터를 좋아하고 도시를 부수는 장면의 화려함에 꽂힌 아이일 뿐입니다. 이어서 아이는 저에게 이런 말을 했습니다.

> "제 꿈은 퍼시픽 림보다 더 멋진 괴물이 나오는 괴수 영화를 만드는 거예요. 요즘 볼 만한 괴수 영화가 너무 없거든요."

저는 이 아이가 문제가 있는 아이라기보다는 나중에 괴수를 주인공으로 한 영화의 아주 유명한 감독이 될 자질이 보인다고 믿습니다.

아들을 키우는 교육자나 부모님들이 꼭 유념해주셨으면 하는 점은 아이가 좋아하는 주제를 보고 너무 단편적으로 아이를 평가해서는 안 된다는 점입니다. 특히 남자아이들은 공격적인 놀이나 자극적인 주제에 잘 빠지는 경향이 있습니다. 귀신, 좀비, 괴물 등 피가 낭자하며 죽고 죽이는 상상은 남자아이들에게는 너무 흔한 세계관입니다.

대학생 시절 초등 5학년 여자아이 5명과 남자아이 5명에게 글쓰기 수업을 했던 적이 있습니다. 아이들의 '창의력'과 '수용성'을 길러주기 위해 릴레이 글쓰기를 즐겨 했었는데, 선생님인 제가 문장을 제시하면 아이들 각자 다음 문장을 이어 써가는 방식이었습니다. 예를 들어 '선생님이 아침에 일어났는데 옆을 보니…' 등의 평범한 짧은 문장을 칠판에 쓰고, 아이들에게 다음 문장을 3분간 제각기 쓰게 합니다. 그리고 다음 3분은 옆 사람이 내 글을 이어가는 방식으로 하여,

10명이 돌아가며 글을 씁니다. 짧은 시간 내에 다른 친구들이 쓴 문장의 조합을 읽는 것도 재미있었지만, 어떻게든 웃기게 글을 이어보려고 키득거리며 노력했던 아이들의 모습이 떠오릅니다.

여기서 재미난 점은, 글 구간별로 남자아이들과 여자아이들이 쓴 글이 확연히 차이가 난다는 점입니다. 여자아이들이 글을 쓰면 갑자기 사랑이 시작되고 연애소설이 됩니다. 반면 남자아이들이 글을 쓰면 공주가 갑자기 피를 토하며 좀비가 되고, 피와 똥오줌이 낭자한 소설로 변합니다. 아이들에게 어떤 심리적 문제가 있어서 그런 게 아니라, 어른들이 그냥 남자아이들 세계를 잘 몰랐던 것입니다. 그들은 본능적으로 그냥 그런 게 재미있습니다. 제가 운영하는 '자라다 남아미술연구소'에 현재 총 재원생은 남자아이들만 6,400여 명입니다. 이들의 작품을 실시간으로 공유하는 '인트라넷'이 있는데, 여기만 봐도 남자아이들의 관심사는 이상하리만큼 유사합니다. '총, 칼, 미사일, 똥, 오줌, 좀비, 괴물' 등 언뜻 불편하고 차갑게 느껴지는 대상에 관심이 많습니다.

이런 이야기를 하면 남자아이들이 즐겨보는 매체의 폭력성으로 인해 남자아이들이 폭력적으로 변해간다고 생각하시는 분들도 계십니다. 그러나 이는 사실이 아닙니다. 폭력적인 매체를 봐서 공격성이 생기는 것이 아니라, 남자아이들이 가진 호르몬 자체가 공격적인 소재와 기계나 바퀴 등에 더 끌리도록 설계되어 있기 때문입니다. 이에 맞춰서 매체가 그런 방향으로 발달하는 쪽이 맞습니다.

2014년 영국 BBC에서는 '성 역할'이 학습된 것인지 본능적인 것인지 알아보기 위한 실험을 하였습니다. 무작위로 뿌려진 차량류 장난감과 인형류 장난감 중 원숭이가 어떤 것을 선호하는지 확인하는 실험이었습니다. 매체나 사회적 시선에 의해 선호하는 놀이가 변한다는 기존의 주장과는 달리, 수컷 원숭이는 전형적인 남자아이 장난감을, 암컷 원숭이는 인형류 장난감을 선호했습니다. 여기서 우리가 알아야 하는 점은 남자아이들이 싸움놀이에 끌리는 것은 학습된 것이 아니라 본능에 의한 것이라는 점입니다.

이는 중요한 정보입니다. 누군가를 가르칠 때 먼저 배워야 하는 것은 '저 사람에게 건드리지 말아야 하는 것이 무엇인가'를 살피는 일입니다. 예를 들어 '국적', '가족', '인종', '성별', '그 사람의 업' 등을 건드리는 말은 반드시 피해야 합니다. 이유는 그 사람을 구성하는, 변화시키기 어려운 '정체성'과 가까운 영역이기 때문입니다. 싸움놀이에 끌리는 남자아이들의 마음은 잘못된 교육으로 비롯된 산물이 아닌, 조절하고 잘 다뤄줘야 하는 본능에 가깝습니다. 이는 일종의 '성교육'과도 같습니다. 성에 대한 관심이 한창 솟구치는 아이들에게 성에 대한 관심을 차단하기보다는 제대로 가르치는 편이 좋습니다.

싸움놀이도 마찬가지입니다. 아이에게 그런 거 안 했으면 좋겠다는 말을 하며 묻어둔다고 해결되는 종류의 문제가 아닙니다. '엄마는 그런 거 보기 싫어하니까 엄마 몰래 우리끼리 하자'는 인식만 낳을 뿐입니다. 이보다는 "공격하는 놀이는 항상 룰을 갖고, 상대가 불편해하지 않는 선에서만 하는 거야"라고 말하는 게 더욱 현실적입니다. 늘 문제는 어른들이 아이들의 현실을 제대로 감지하지 못할 때 생깁니다.

> ### ★ 민준쌤 한마디
>
> '공격성'은 아들의 문제가 아닌 타고난 기질입니다. '싸움놀이'를 하더라도 이에 맞는 룰을 아이와 함께 정해보세요.

잠깐~   잠깐~

싸움놀이에는 정확한 규칙이 필요해!

자~ 이건 아무도 다치지 않는 색연필 전쟁이다~

ㅋㅋㅋ   재밌다!

서로 손은 쓰지 않고
그림으로만 싸우는 게 규칙이야!

상대방이
싫어하는 거
안 보이니?

공감보다는 논리

EBS 다큐 프로그램 〈아이의 사생활〉에서 남자아이들과 여자아이들의 '공감능력 차이'에 대해 방영한 적이 있습니다. 엄마가 아이 앞에서 장난감 망치를 가지고 놀다 손가락이 아픈 시늉을 하면서, 아들과딸의 반응 차이를 보는 것이었습니다. 재미있게도 여자아이들은 하나같이 엄마가 아파하면 인상을 쓰고 함께 울어주었다면, 남자아이들은 실실 웃거나 어찌해야 할지 모르는 모습을 보였습니다.

어떤 분들은 아이에 따라 다른 것 아니냐며, 남자라고 공감능력이 다 낮은 건 아니라고 말하기도 합니다. 하지만 생물학적 특성이 아이들에게 지대한 영향을 미친다는 점에 대해서는 바르게 이해해야 할 필요가 있습니다.

한 예로 여자아이들이 교실에서 노는 방식과 남자아이들이 교실에서 노는 방식은 확연히 다릅니다. 여자아이들은 한번 생긴 무리가 잘 변하지 않고 쭉 가거나 단짝 개념이 많다면, 남자아이들은 특별한 단짝보다 다 같이 친하게 지내거나 그때그때 달라지는 경향이 많습니다. 실제로 남자아이들에게 "넌 누구랑 친해?"라고 물으면 고학년이 될수록 무리의 이름을 다 부르거나 "다 똑같이 친해요"라고 말하는 경우가 많았습니다. 여자아이들은 친한 친구와 퀴즈나 스포츠 등으로 경쟁하게 되는 상황이 있다면 일부러 져주거나 상대를 많이 살피는 경향이 있는 반면, 남자아이들은 친할수록 더 격하게 이기려고 하거나 이기고 나서 종종 조롱 세리머니를 펼치기도 합니다. 엄마가 보기엔 참 이해가지 않는 행동입니다. 이런 차이는 뇌 발달의 차이에서 온다고 봅니다. 예를 들어 같은 문제라도 여자아이들은 공감능력을 우선시해 상대방 정서를 살피며 행동한다면, 남자아이들은 논리를 활용해서 해결하려는 면모가 많다고 볼 수 있습니다. 이는 잘못되었다기보다는 장단점이 명확하다 봐야 합니다. 그래서 **딸과 아빠 사이**

에는 이런 대화 패턴의 오류가 많습니다.

> 딸 : 아빠, 민지가 이제 나 싫어하는 것 같아.
> 아빠 : 왜?
> 딸 : 어제까지는 나한테 친절했는데 오늘 복도에서 인사도 안 했어.
> 아빠 : 에이, 네가 잘못 봤겠지. 아빤 또 뭐라고.

공감능력이 중요한 딸의 세계에선 작은 표정과 손짓, 뉘앙스만으로 관계와 지위가 왔다 갔다 합니다. 때문에, 이런 딸의 표현을 대충 넘어가선 안 됩니다. 반대로 논리가 중요한 아들의 세계에선 치열하게 싸우고 다음 날엔 다시 함께 신나게 놀곤 합니다. 엄마 입장에서는 이해하기 힘들 때가 많습니다.

아들은 대개 논리를 우선으로 하기 때문에 편향적으로 문제를 보지 않고 공정하고 논리적으로 상황을 해결할 수 있다는 강점이 있습니다. 반면에 상대방의 정서를 살피는 능력이 떨어지고 사회성이 부족하다는 평가를 받기 쉽습니다. 실제로 제가 남자아이들을 가르칠 때 많이 살펴야 하는 영역 중 하나가 '수업 중에 선생님 눈을 얼마나 보고 상대를 살피며 행동을 하는가'입니다. 많은 수의 남자아이들이 흥분하면 선생님 눈을 보지도 않고, 허공을 응시하거나 그림만 보며 일방적인 상호작용을 하는 경우가 많습니다. 반대로 여자아이들은 선생님의 의중을 파악하기 위해 노력하거나, 선생님의 표정을 살피는 경우가 더 많았습니다.

'아이(I) 메시지 육아법'을 강조하는 전문가들이 많습니다. 지시하는 말이 아니라 "엄마는 민준이가 게임만 하니까 참 속상해"라는 표현을 함으로써 아이가 스스로 행동을 조절할 수 있도록 여지를 주는 방식입니다. 안타깝게도 이 방식은 사회적 메시지에 익숙한 '공감능력'과 '사회성'이 발달한 타입의 아이들에게 잘 맞는 육아법이라 볼 수 있습니다. 공감능력이 상대적으로 느리게 발달하는 아들일수록 '내가 게임을 하는데 왜 엄마가 기분이 나쁘지? 엄마도 티비 실컷 보면서 이해가 안 되네'라는 식으로 생각을 하기 쉽습니다. 엄마 입장에선 '엄마가 속상한데 왜 저 행동을 계속하지?'라고 생각하지만 아들은 '도대체 이게 왜 속상한 거지?'라고 생각하는 것입니다. 그래서 논리 능력이 우선 발달한 유형의 남자아이들에게는 사람들의 눈치를 보라고 가르치기보다는 왜 논리적으로 하지 않아야 되는지 설명해야 합니다. 도덕적 관점에서 '약속을 지켜야 한다'는 식으로 가르치는 것이 효과적입니다.

"민준아, 게임이 나쁜 건 아니지만, 누군가와 한 약속을 어기는 건 분명 잘못된 거야. 여기까지 하고 게임 멈추자."

이렇게 말하는 것이 필요합니다. 무엇보다 내가 이 행동을 멈춰야 하는 이유가 '상대가 기분 나빠하기 때문이다'라는 방향으로 초점이 맞춰져 있다면 '상대가 없을 땐 몰래 해도 괜찮다'는 인식을 낳는다는 부작용이 있습니다. 아이가 상대의 상황을 살피도록 가르치려는 의도는 이해가 갑니다. 하지만 누군가의 기분과 상관없이, 소신껏 옳은 것을 선택해야 한다는 관점에서는 올바른 훈육이 아닐 수 있습니다. 아들을 가르칠 땐 공감보다 '규칙 훈육법'이 효과적입니다. 예를 들어 공감능력이 낮은 아들을 가르치다 보면 이런 패턴의 대화가 나오기 쉽습니다.

> 엄마 : 민준아, 집에서 공놀이하면 안 돼.
>
> 아들 : 왜 안 되는데?
>
> 엄마 : 아래층에 계신 분들이 시끄러우니까 하면 안 돼.
>
> 아들 : 소파 위에서 하면 되잖아.
>
> 엄마 : 그러다가 공이 바닥에 떨어지면 시끄럽잖아.
>
> 아들 : 떨어지면 왜 시끄러운데?
>
> 엄마 : ······.

이럴 땐 다음과 같이 대화해보시면 좋겠습니다.

> 엄마 : 민준아, 집에서 공놀이하면 안 돼.

아들 : 왜 안 되는데?

엄마 : 아래층에 계신 분들이 시끄러우니까 하면 안 돼.

아들 : 소파에서 하면 되잖아.

엄마 : 응 그렇게 생각할 수도 있지. 그런데 이건 규칙이야. 아파트에서 공
놀이를 하지 않는 건 모두가 함께 정한 규칙이지. 그래서 지켜야 돼.

★ 민준쌤 한마디

남자아이들은 공감보다는 논리적 사고를 우선시한다는 걸 안다면 아이와
의 소통이 한결 수월해집니다.

학교에서 있었던 일을 왜 말을 안 하니?

아들과 가까워지는 법

여섯 살 남자아이가 유치원에서 옆자리 여자아이에게 "네 얼굴을 확 찢어 놓을 거야!"라고 큰소리를 냈다는 사연이 하나 도착했습니다. 아이가 그렇게 소리친 이유는 여자아이가 먼저 귀에다 대고 "네 작품 다 찢어버릴 거야"라고 속삭였기 때문이라고 합니다. 문제는 작은 소리는 묻히고 얼굴을 찢어버리겠다는 임팩트 있는 문장만 남아 사람들에게 퍼지기 시작했다는 점입니다. 옆의 아이도 놀랬지만 선생님과 주변의 다른 아이들도 모두 이상하게 쳐다보기 시작했습니다. 곧 이 일은 아이들의 입을 통해 엄마들에게 전해졌고, 해당 아이는 유치원 내에서 왕따가 되었다고 합니다. 정작 엄마는 나중에서야 문제를 접하고 허둥지둥 사건을 수집하며 경위를 파악하게 되었다고 합니다.

"아니, 넌 그런 일이 있으면 그때 말을 했어야지!"

이미 대응은 늦었고 아이에 대한 평가는 안 좋아져 아이의 자존감은 상당히 떨어져 있는 상태였습니다. 뒤늦게 아이의 자존감을 끌어올려주기 위해 부모님과 함께 노력했던 기억이 납니다.

아들을 둔 어머님들과 함께 대화를 나누다 보면 심심치 않게 나오는 이야기가 학교에 있었던 일을 뒤늦게 알게 되는 경우입니다. 학교나 유치원이 끝나고 집에 오면 오늘 하루 있었던 일을 조잘조잘 말해주는 딸들에 비해, 상대적으로 남자아이들은 있었던 일을 잘 이야기하지 않아 생기는 문제들이 있습니다.

이는 성인들에게도 많이 관찰됩니다. 여성들은 대개 특별히 무언가를 하지 않아도 만나서 커피를 마시며 수다를 떠는 것만으로도 스트레스가 많이 풀리곤 합니다. 여성들의 경우 평소 대화를 즐기는 라이프 스타일을 갖고 있는 경우가 많습니다. 그런데 남성들은 유독 친구들끼리 만나면 무언가를 하려 합니다. 게임을 하든지 술을 마시든지 아니면 운동이라도 하려는 경향이 뚜렷이 보입니다. 동네 카페에서 삼삼오오 대화를 나누는 그룹을 보면 여성 비율이 압도적으로 많고, 피시방이나 당구장을 가보면 남성 비율이 압도적으로 높은 것을 봐도 알 수 있습니다.

왜 남자아이들은 엄마에게 자신의 이야기를 하지 않는 걸까요? 가장 큰 이유는 '약한 유대욕구'를 들 수 있습니다. 엄마에게 문제를 공유하기 위해선 리스크를 짊어져야 합니다. 엄마에게 핀잔을 받을 수도 있고 혼날 수도 있습니다. 그럼에도 불구하고 문제를 공유하기 위해선 더 강력한 무언가가 있어야 하는데, 딸들은 엄마와 대화를 통해 강력한 유대감과 보호받고 싶은 욕구를 충족합니다. 그러나 아들은 유대욕구보다는 인정받고 싶은 욕구가 더 높습니다. 엄마의 핀잔이나 혼나는 것을 무릅쓰고 상황을 세세히 공유하는 일은 아들 입장에서는 별 효용이 없는 일인 것입니다.

그래서 스트레스를 받으면 더 유대하려는 딸들과 달리 남자아이들은 스트레스를 받으면 혼자 있고 싶어 합니다. 남자아이와 여자아이의 게임중독에 대한 논문을 보면 스트레스를 받을 때 여자아이들은 게임보다 대화를 필요로 하는데, 남자아이들은 더욱 게임에 몰두하는 성향이 있다는 연구도 있습니다. 결국 스트레스를 받으면 딸은 누군가와 대화를 하고 싶어 하고 아들은 게임을 하고 싶어 하는 것입니다.

이를 '남자는 스트레스를 받으면 동굴로 들어간다'고 표현하는 글들도 꽤 있는데, 정확한 이유는 '자신의 무능함을 들키고 싶어 하지 않는 심리'라고 표현하는 게 더 정확할 듯합니다. 엄마 입장에서 이해 가지 않는 다양한 남자아이들의 행동 패턴 안에는, '인정'에 대한 높은 갈망이 있습니다. 이런 부분에 대한 깊은 이해가 있어야, 아들과 대화하기 위해 필요한 교육들이 이뤄질 수 있습니다.

아들에게 공유하는 습관을 가르치는 훈련은 매우 중요합니다. 공유하지 않는 습관은 모든 일을 어렵게 만듭니다. 문제를 말하지 않고 혼자 끙끙 앓는 아이로 자라지 않게 하기 위해선, 아이가 어려서부터 '문제 공유 훈련'을 하는 것이 중요합니다. 엄마에게 있는 문제를 그대로 공유하고 혼나지 않고 침범당하지도 않는 경험을 쌓아보는 경험입니다.

공유하는 훈련의 핵심은 아들이 작게라도 자신의 잘못을 공유해주었을 때의 경험으로부터 시작됩니다. 공유하지 않는 아들의 심리가 자신의 무능함이 노출되는 것에 대한 두려움이라 정의하면 아들이 문제를 공유했을 때 삼가야 하는 말들이 명확해집니다.

"그것 봐. 엄마가 그렇게 하지 말라 했어, 안 했어? 엄마 말을 안 들으니까 이런 문제가 생긴 거 아냐?"

이런 식의 말은 확실히 아들의 입을 닫게 만듭니다. 엄마에게 문제를 공유했을 때 받는 피드백이 지적이거나 자존감 하락이 되었던 경험이 반복될수록 문제를 공유하지 말아야겠다는 생각이 확고해집니다. 평소 아들이 하지 말라는 행동을 해서 문제를 일으켰을 때, 혼신의 힘을 다해 가르쳐야 하는 내용이 '엄마 말을 안 들으면 안 좋은 일이 생긴다'가 아닙니다. 어떤 일이 있어도 먼저 공유해주는 것이 우선임을 가르치는 것이 중요합니다.

예를 들어 아들이 놀다가 소변 실수를 했다고 하면, "그러니까, 놀다가 쉬 마려우면 멈추고 빨리 다녀와야지! 엄마가 아까 놀기 전에 쉬하라고 했니, 안 했니?"라고 말하기보다는 "엄마한테 실수한 거 말해줘서 고마워. 앞으로도 엄마한테는 꼭 알려줘야 해"라고 말해야 합니다. 만일 아이가 실수한 사실을 숨기고 있었을 때도 마찬가지입니다. "너 왜 이야기 안 해! 진짜 이러면 혼나!"라는 말보다는 이런 말이 좋습니다.

"실수한 거 말해도 엄마는 민준이 혼내지 않고 같이 해결해줄 거야. 엄마한테는 말해도 돼. 알았지?"

위와 같은 말을 반복해서 가르쳐주면 좋겠습니다. 아들 입장에서 문제를 엄마에게 공유했는데 엄마가 나의 무능함을 공격하거나 드러내지 않고, 함께 해결하는 경험이 쌓이도록 하는 것입니다. 우리 아들에게 이런 경험이 쌓이면 어떤 힘든 일이 있어도 엄마에게는 말할 수 있다는 신뢰가 쌓입니다. 누군가를 온전히 믿고 의지하는 경험은 문제를 스스로 해결하고 싶어 하는 아들들에게도 반드시 필요한 훈련입니다.

부모가 아무리 노력해도 어떤 날은 아들이 나와 거리를 두려고 할지도 모릅니다. 이는 매우 건강한 과정입니다. 교육의 목표가 '순종'이 아니라 '자립'이라 생각할 때 너무도 자연스러운 과정입니다. 이를 인정해주되, 아들과 가까워지는 방법에 대해서도 고민해보면 좋겠습니다.

'관계'에 대한 남녀의 차이는 온라인 커뮤니티에서도 확연히 드러납니다. 엄마들이 주로 활동하는 맘카페는 아이에 관한 이야기나 공감을 위주로 하는 글 등 유대에 대한 글이 유독 눈에 많이 띕니다. 특히 자녀나 가족과의 관계에 대해 관심을 갖고 공유하는 글들이 많습니다. 반면, 남성이 주를 이루는 커뮤니티에서는 관계보다는 좋아하는 '특정 주제'에 대한 이야기를 주로 합니다. 재미있는 이야기를 다룬다거나, 자동차를 좋아한다거나 격투기, 축구 등 하나의 특정 주제를 중심으로 이뤄진 커뮤니티가 많습니다.

어떠한 특정 주제가 없어도 자연스레 유대가 가능한 여성들과는 달리, 남성들은 반드시 할 이야기나 향유할 주제가 있어야 합니다. 따라서 아들과 가까워지기 위해선 아들이 좋아하는 어떠한 주제를 매개로 대화하는 것이 좋습니다.

아들이 좋아하는 주제가 무엇이든 엄마가 그것을 잘 이해한다는 생각이 들면, 아들은 엄마가 자신을 잘 이해하고 있다고 느낄 가능성이 높습니다. 어떤 면에서 아들은 아주 단순합니다. 밖에서 만난 친구와 가까워질지 가까워지지 않을지에 대해, 내가 하는 게임을 얼마나 이해하거나 잘하는지에 따라 결정되는 존재라는 것을 기억해야 합니다. 그래서 어떤 아들들은 친구 관계를 위해 게임을 손에서 놓지를 못하기도 합니다. 앞서 말했듯 아들과 가까워지는 가장 손쉬운 방법은 아들이 빠져 있는 세계에 함께 들어가보는 것입니다.

문제는 아들이 좋아하는 주제는 늘 엄마가 감당할 수 있는 것과 조금 거리가 멀다는 점입니다. 아들이 총을 쏘는 게임을 좋아하는데 엄마는 평생 총 쏘는 게임을 해본 적도 없고, 하고 싶지 않으실 수 있습니다. 이해는 갑니다. 다만, 내가 나와 다른 아들을 낳았고 그의 마음을 잘 알고 더 많이 소통하고 싶다면 그의 세계로 들어갈 필요가 있습니다.

내가 사랑하는 아들이 자동차에 푹 빠져 있으면, 결국 내 인생에 자동차가 들어오는 것이고, 아들이 게임에 푹 빠져 있으면 내 인생에 게임이 저벅저벅 들어옵니다. 마음을 내려놓고 한번 아들의 세계에 들어가보기를 바랍니다. 아들이 왜 그렇게 게임을 좋아하는지 알 수 있고, 아들이 친구 문제로 하루 종일 표정이 안 좋을 때도 옆에 있어야 진짜 이유가 무엇인지 알 수 있습니다.

> ★ 민준쌤 한마디
>
> 남자아이들은 공유에 서툰 편입니다. 엄마와 한 팀으로 함께 문제를 해결할 수 있다는 신뢰감을 쌓아주시고, 아들이 좋아하는 주제에 조금이라도 관심을 가져보세요.

실수한 걸 말해줘서 고마워.
앞으로도 엄마에게 이렇게 꼭 말해줘야 해.

으엄으아....

너 어디서
그런 말 배웠니?

비속어 쓰는 아들의 마음

최근 아이들 사이에서는 이런 말투가 유행입니다.

"어쩔티비~ 저쩔티비~ 열받쥬? 하지만 어쩔 수 없쥬? 아무것도 못 하쥬?"

유행어도 참 다양합니다. 어른들 앞에서 비속어를 상황에 맞지 않게 쓰는 아들을 보면 황당하기도 합니다. 욕이나 비속어를 사용하는 문제가 아들들만의 문제는 아닙니다. 하지만 아들들의 비속어 사용은 대개 상황이나 상대를 봐가면서 하지 않는 경우가 많습니다. 여자아이들은 상대적으로 기민하게 상황을 파악하려고 합니다. 수업시간에 웃기는 말을 던져서 수업의 흐름을 끊는 아이들은 대부분 남자아이들입니다. 이 역시 공감능력, 상황을 판단하고 상대방의 감정을 읽는 능력 발달이 느린 탓입니다.

아들의 상황에 맞지 않는, 시도 때도 없이 깐족거리는 장난질이나 비속어 등의 나쁜 말 습관을 어떻게 대해야 할까요? 비속어도 다 같지 않으니 단계별로 나눠서 생각해봐야 합니다. 먼저 '어쩔티비, 저쩔티비'와 같은 비속어는 욕이라고 하기엔 귀엽고 그냥 인정해주자니 석연치 않습니다. 만일 무조건 아들이 그런 말투 자체를 쓰지 않기를 바란다면, 그것은 불가능하다고 말씀드리고 싶습니다. 역사적으로 아이들은 늘 자신들의 언어를 만들어왔기 때문입니다. 생각해보면 우리역시 '킹왕짱', '존맛탱', '즐', '우주반사', '무지개반사' 등 다양한 유행어를 만들어왔습니다. 유행어를 만드는 중요한 심리는 세대별로 자기들만의 소속감을 가지고 싶은 욕구 때문입니다.

조금만 과거를 떠올려보면 전 국민이 '카카오스토리'를 이용하던 시절이 있었습니다. 전 국민이 다 사용하는 카카오톡에서 만든 서비

스라 그 위세는 하늘을 찔렀습니다. 그러다 어느 순간부터 예전만큼 많이 이용하지 않게 되었는데요, 가장 큰 이유는 '어른 세대들이 카스를 이용해서'라고 해도 과언이 아닙니다. 가족끼리 어디 놀러 갔다 오면 바로 '에구, 좋은 데 다녀왔구나' 하고 댓글 다시는 시어머니 때문에 카스를 탈퇴했다는 분들이 한두 분이 아닙니다. 이 정서가 이해되시나요? 이는 시어머니가 싫어서가 아니라 그냥 나와 가장 유사한 사람들과 그룹을 이루고 싶어 하고, 그곳에 다른 그룹의 사람이 들어오지 않기를 바라는 마음, 인간의 가장 기본적인 심리 중 하나입니다.

이는 아이들도 마찬가지입니다. 그들은 우리를 사랑하면서도 한 문화에 섞이는 것을 바라지 않습니다. 카카오톡이 처음 나왔을 때는 나름 신문물이었는데, 모두가 쓰니 아이들은 이제 페메(페이스북 메세지)를 쓰기 시작합니다. 아이들은 본능적으로 또래의 세계를 만들고 자기들끼리만 통용되는 은어를 만들고 싶어 하는 것입니다. 아마 '어쩔티비, 저쩔티비'를 어른들이 배워서 따라한다면, 아이들은 금방 또 자신들만의 은어를 만들어 낼 것입니다. 그래서 이런 정도의 언어 교육의 본질은 '어른들이 모르는 말을 쓰지 못하게 만든다'가 아니라 '상황에 맞지 않는 말을 하지 않도록 가르치는 것'이 되어야 합니다. '어쩔티비'를 남발하며 엄마를 놀리는 아들에게 "너 이제 그 4단지 친구들이랑 놀지 마. 걔네랑 놀고 나서 이상한 말만 배워가지고!"라고 말하면 아이는 '아니, 이건 우리 선생님도 쓰는 건데. 엄마는 너무 뭘 몰라'라는 생각을 낳기 쉽습니다. 그보다는 정색하며 "상황에 맞지 않는 장난은 하지 않는 거야"라고 말해주는 편이 낫습니다.

다음 단계는 '은어'와 '욕설' 그 중간입니다. 예를 들어 초등 고학년이나 중학생쯤 되는 남자아이들이 피시방에서 하는 말을 듣다 보면 가관입니다.

"야, 빨리 오라고 ○신아!", "아 ○발 거기서 혼자 가면 어떡하냐고!"

입에 담을 수 없는 나쁜 욕을 하지만, 생각보다 그들끼리의 사이가 나쁘지는 않습니다. 종종 불꽃이 튀어 싸우기도 하지만 또 금방 잊고 화해하는 편입니다. 이런 식의 욕을 하는 아들들은 자신들 그룹의 은어와 암호처럼 욕을 사용하는 것이라 볼 수 있습니다.

그렇다고 아이들의 욕을 그냥 넘어가서는 안 됩니다. 이는 아이들에게 우리가 이런 행동을 해도 어른들이 제지할 수 없다는 잘못된 인상만을 남깁니다. 핵심은 무리수를 두지 않으면서, 아이들이 납득할 수 있는 말을 통해 상황을 조절해 나가는 것입니다.

> "얘들아, 욕은 좋지 않다. 무엇보다 공공장소에서 어른들이 있는데도 욕하는 건 안 되는 행동이야."

정확하게 세상의 룰을 가르치는 편이 낫습니다. '인성이 안 좋은 못된 아이', '나쁜 말을 하는 나쁜 친구들' 등 비속어를 쓰는 행위가 아닌, 비속어를 하는 아동의 인격 자체에 집중하면 반발이 일어나기 쉽습니다. 욕이 종종 또래 문화의 입장권처럼 비춰질 때도 있기 때문에 그렇습니다. 게다가 아이들의 관점에서는 욕은 하더라도 심성이 착한 친구들도 꽤 있습니다.

한편, 종종 상황 파악이 상대적으로 느린 아들들은 맞는 말을 하느라 불필요한 위험을 초래하기도 합니다. 한번은 한 아들이 자기 전에 엄마에게 이런 이야기를 해줬다고 합니다.

> 아들 : 엄마, 어떤 형이 있는데 그 형은 진짜 못됐다.
>
> 엄마 : 왜?
>
> 아들 : 형이 다른 형이랑 싸워서 내가 말렸는데 그 형이 나한테 '○발, 네가 뭔데 참견이야'라고 말했어.
>
> 엄마 : 뭐? 아니, 그러니까 형들 싸우는데 왜 참견을 해!
>
> 아들 : 아니, 원래 싸우면 안 되는 거잖아.
>
> 엄마 : 아니, 그건 맞지만….

이럴 때 우리는 뭐라고 해줘야 할까요? 엄마 입장에선 아이 입에서 욕이 나온 것만으로도 정신이 혼미한데, 형들이 싸우는데 굳이 끼어서 위험한 상황을 만드는 아이의 행동이 불안하게만 느껴집니다. 이럴 땐, 아들 입장에서 헷갈릴 법한 '그 형이 잘못된 것인가, 내가 잘못된 것인가'에 대해 제대로 답변해주고 가르칠 필요가 있습니다.

"OOO이가 욕을 듣고도 따라하지 않고, 그 형한테 함께 욕하지 않은 건 정말 잘한 거야. 다만, 나중에 형들이 싸울 땐 가능한 자리를 피하는 게 좋아."

이런 식으로 말해주면 충분합니다. 그러니까 욕 자체에 너무 집중하면 해당 상황에 반감을 일으켜 가르쳐야 하는 것을 제대로 가르치지 못하는 오류를 범하기 쉽습니다. 예를 들어 습관적으로 욕을 하는 상당수의 남자아이들은, 악의가 있어서가 아니라 자신의 감정 처리를 바르게 하는 방법이 빈약해서 그런 경우가 많습니다. 이럴 때 '아들이 욕을 하는 나쁜 아이가 되었구나!'와 같은 생각은, 판단을 흐리게 하고 교육자를 감정적으로 만들 뿐입니다. '자신의 감정을 표현하는 방법이 매우 빈약하고 잘못된 방식으로만 하는구나', '욕하지 않고도 자신의 감정을 잘 표현하는 방법을 가르치는 것이 중요하겠구나' 하는 생각으로, 본질을 놓치지 않고 아들을 바라보는 연습을 함께해보면 좋겠습니다.

★ 민준쌤 한마디

아들의 비속어에 대해서는 적절한 훈육이 필요하지만, 아들의 인격에 대한 언급은 절대금지입니다.

(안타까운 나선)

에구궁...

어쩔티비!
열라 열받쥬?

잠깐. 요즘 친구들끼리 재미있는 말투 쓰는구나?
하지만 어른에게는 하지 않는 거야.

때와 장소를 구분할 수 있어야 해.

8

뭐 하나 제때 하는
법이 없니?

엄마의 감정을 먼저 보세요

아침에 아들에게 버럭 화를 내신 적이 있으신가요? 아마도 화내지 않
은 사람을 찾기가 힘들 것입니다. 옷을 전부 입은 상태에서 엘리베이
터만 타면 되는데 갑자기 신발이 불편하다느니, 마음에 안 드니 타령
을 하면 "또 시작이야! 신발 가지고!" 대뜸 화부터 납니다. 아들은 왜
꼭 중요한 순간 눈치가 없는 걸까요? 사실 이건 아들이 잘못한 것이

아닙니다. 하교 후 여유가 있을 때 아들이 '신발이 마음에 안 든다', '뭐가 불편하다'고 하면 우리는 누구보다 인자한 얼굴로 아이의 불만을 들어줄 수 있습니다. 허나 여기 중요하게 알아차려야 하는 것이 있습니다. 우리 육아는 어쩌면 '시간만 충분하면 완벽할지도 모른다'는 사실입니다.

물론 다른 요소도 나의 화를 돋우기는 합니다. 예를 들어 아침마다 모든 행동이 평소 3분의 1로 느려지는 아들의 게으름이 한몫하기도 합니다. 나이가 들어도 도무지 알아서 일어나지 않는 아들을 억지로 깨워서 '세수해라, 옷 입어라, 밥 먹어라' 소리치다 보면 자연스레 내 분노 게이지도 함께 올라갑니다. 하지만 결정적인 것은 아들의 행동이 아니라, 아들의 행동을 보고 쉽게 휘말리는 나에게서 첫 번째 원인을 찾아야 합니다.

우리는 시간이 없으면 화가 납니다. 당연한 이야기 같지만 이것을 아는 사람과 모르는 사람은 다릅니다. 만일 아들이 "아니, 근데 왜 엄마는 자꾸 화를 내?"라고 말한다면 지금 최우선 과제는, 아들을 훈계하는 게 아니라 내 감정을 알아차리는 것입니다. 감정은 '조절'보다 정확하게 '인지'하는 것이 우선입니다.

만일 지금까지 감정을 억누르고 화를 꾹 참는 연습만 하셨다면, 이제 함께 방향을 바꿔보면 좋겠습니다. 억누르지 말고 알아차리려고 최선을 다해보세요. 아침에 아이가 조금 늦게 일어났다면 제일 먼저 이런 생각을 해보는 것입니다.

'아, 오늘은 내가 조금 화가 나겠구나.'

이런 생각만으로도 버럭 화를 내는 일은 줄어들게 될 것입니다.

> ★ 민준쌤 한마디
>
> 아이의 행동보다 엄마의 감정을 알아차리는 게 먼저일 때가 있다는 걸 잊지 마세요.

너는 꼭
할머니 앞에서만
그러더라?

지원군이 있으면 변하는 아이의 행동

평소 밥을 잘 먹는 아들이 할머니가 오시자마자 단박에 태도가 흐트러지는 모습을 보입니다. 엄마가 눈으로 정색하며 경고의 의미를 주지만, 오늘따라 아들은 "왜 맨날 엄마 마음대로만 해?"라며 평소에 하지 않던 말을 합니다. 엄마는 단박에 알아차립니다.

'아, 네가 지금 지원군이 있다고 믿으니까 대차게 나오는구나.'

아이들은 어른들이 언제 약한지 기가 막히게 아는 동물적 감각을 가지고 있는 것 같습니다. 평소에는 괜찮던 아이도 옆에 할머니나 할아버지 등 자신의 지원군이 있다고 생각이 들면 대번 태도가 변하곤 합니다. 그래서 아들과의 규칙 잡기가 어려운 때에는 가능한 사람들 만나는 횟수를 줄이는 편이 좋습니다. 한 아이를 통제하고 규범을 가르쳐야 하는 부모에게 주변인은 통제하기 어려운 변수에 속하기 때문입니다.

그보다 문제인 것은 평소에 말을 안 들을 때는 '그런가 보다' 하다가도, 사람들이 있으면 엄마 훈육에 더 힘이 들어간다는 사실입니다. 이 마음은 주변인이 '나와 아들의 관계'를 평가할 것 같다는 불안에서 옵니다. 이는 아들도 마찬가지입니다. 평소에는 말을 잘 듣다가도, 주변인이 있으면 엄마 말에 수긍하는 것이 왠지 자존심 상합니다. 여기서 깨달아야 하는 점은 '인성의 문제'가 아니라 엄마와 아들 양측 입장 모두 주변인이 있으면 서로 의견에 힘이 들어간다는 사실입니다.

이는 교실에서도 빈번하게 일어납니다. 순하던 아이도 친구들 앞에서 선생님에게 핀잔을 받으면 부끄러운 마음에 선생님에게 대드는 경우가 왕왕 있습니다. 만일 아이가 상황에 맞지 않게 자존심을 부리고 잘못을 수긍하지 않는다면, 주변인의 시선에서 벗어나 잠시 나가서 이야기해보는 시간이 필요합니다. 이상하게도 친구들이 다 보고 있을 때는 수긍하기 힘들었던 선생님의 말이, 일대일로 만나 이야기해보면 금방 수긍이 됩니다.

　이는 가정에서도 통합니다. 집에 누가 놀러왔을 때는 아이도 나도 서로에게 힘이 들어갈 수 있다는 점을 꼭 인지하고 행동하는 편이 좋습니다. 문제가 생기면 마찬가지로 주변인이 없는 상태에서 훈육합니다. 이는 손님에게 "이제 가세요"라고 말하라는 것이 아니라, 잠시 아들과 작은 방에 들어가서 단둘이 이야기하는 시간을 갖는 것을 말합니다.

　한 영화에서 형사가 범죄자에게 진실을 말하게 만드는 '진실의 방'이라는 단어가 최근 들어 유행한 적이 있습니다. 저는 이 단어가 아이들 교육에 상당히 유용하다고 생각합니다. 방에 들어가 무섭게 말하라는 것이 아니라, 아이를 자극하고 수긍하기 힘들게 만드는 상황에서 벗어나 조용히 문제를 직면할 기회를 주는 것이 중요하기 때문입니다. 아들이 사람들 앞에서 자존심을 부릴 때는 아들을 번쩍 안고 진실의 방으로 가보시는 것을 추천합니다.

★ 민준쌤 한마디

엄마와 아이 모두 주변인이 있으면 서로 입장을 강화시키게 됩니다. 문제가 터지기 전에 단둘이 있는 시간을 꼭 마련하세요.

아들TV

on air ✓

보상에 길들여진 아이 구출하기

어머니들이 아이에게 목표를 설정해주고 보상을 약속하는 경우를 흔히 봅니다. 그런데 이런 경우 좋지 않은 결과가 나타날 확률이 높아요. 이른바 보상의 역설 때문입니다. 보상이 강할 경우 목표 그 자체보다는 보상에 집중하다 보니 오히려 실수가 늘어납니다. 또한, 보상 없이는 자기가 해야 할 일을 안 하는 부작용을 초래할 수 있습니다. 그렇다면 이미 보상에 빠져버린 아이는 어떻게 해야 할까요?

간단합니다. 첫째, 해야 할 것은 그냥 시키세요. 아이가 당연히 해야 할 것을 요구할 때는 보상을 주지 말고 그냥 자연스럽게 요구하면 됩니다. 장난감을 잔뜩 어질러놓은 아이에게 '방 청소하면 아이스크림을 사줄게'라는 식의 보상을 약속할 필요가 없습니다. 그렇게 하면 나중에 당연한 요구를 할 수 없게 됩니다. 과거에 보상을 해줬더라도 오늘부터는 딱 끊으면 됩니다. 오늘부터는 아무런 보상을 약속하지 않고 방 정리를 하라고 정확하게 말씀하시면 돼요. 왜 그렇게 해야 하는지 한 번쯤 설명해줄 필요는 있습니다. 물론 아이가 이런 말을 들었다고 해서 갑자기 방 청소를 하지는 않을 것입니다. 이 경우, 아이의 자기결정권을 꺾어야 되는 상황이니까 먼저 예고를 합니다. 상대방의 자기결정권을 꺾을 때는 계도기간이 있어야 합니다. 규칙을 인지할 시간이 필요하기에, 아이가 이를 지키지 않을 때 엄마가 어떤 행동을 할지 미리 설명하고 절대로 화내지 않고 집행합니다.

도덕이나 규율 같은 영역이 아닌 부분에서 아이의 내적동기를 이끌어내서 시켜야 될 때가 있습니다. 이를 위해선 아이들이 언제 동기부여가 되는지 정확하게 알아야 합니다. 자기주도적 성향이 강한 아들들은 자기결정권이 꺾이는 것을 공격으로 받아들이는 특징이 있습니다. 아들에게는 무작정 뭔가를 시키는 것보다는 그들이 갖고 있는 본연의 재미를 건드리는 것이 동기부여의 핵심입니다. 어떤 아이에게 카메라로 사진을 찍는 걸 알려주려면 '카메라로 사진 찍으면 뭐 해줄게' 이렇게 말하는 것보다는, 카메라 본연의 사진 찍는 재미를 알려주는 게 훨씬 더 좋다는 거예요. 너무 당연한 이야기이지만 이를 실행하기는 매우 어렵습니다.

동기부여의 첫 번째 원칙은 아이가 갖고 있는 능력을 고려하는 것이고, 두 번째 원칙은 아이가 좋아하는 것에서 출발하는 것입니다. 카메라로 사진 찍기를 가르치기보다는 아이가 좋아하는 것을 찍어보게끔 하는 거예요. 내가 가르치려는 것과 아이가 좋아하는 것에는 차이가 있습니다. 우리가 가르치려는 것을 조금만 각색해서 아이가 배우기를 쉽게 조절하면, 그것만으로도 아이들의 동기는 쉽게 올라갑니다. 무언가 가르치기 위해 섣불리 보상을 내걸면 오히려 본연의 재미를 떨어뜨리는 효과가 있습니다. 어떤 일을 하는 데 있어서 첫 번째 동기가 보상이 되면 안 됩니다. 내가 좋아서 했는데 거기에 보상이 따라오고, 그 보상을 통해 내가 행복해지는 것은 바람직하지만, 보상을 위해서 행동한다면 본연의 재미를 완전히 잃어버리게 되죠.

예를 들어, 영어를 가르치면서 보상을 약속하기보다는, 아이가 좋아하는 공룡이나 만화 캐릭터의 이름을 써보게 하는 거예요. 이런 방식을 시도하기 위해서는 아이가 무엇을 좋아하는지 알아야 해요. 아이에게 관심이 있어야 합니다. 이 아이가 평소에 무엇을 좋아하는지, 친구들 사이에서 지금 무엇이 제일 인기 있는지, 어떤 걸 하고 싶어 하는지를 명확하게 알아야 합니다.

둘째, 이것을 왜 해야 되는지 정확하게 말해줘야 합니다. 그 일에 대한 본연의 재미를 알려주세요. 보상에 빠져 있는 아이들은 계속 '왜?'를 찾습니다. 내가 이걸 왜 해야 되는지 모르기 때문에 자꾸 보상을 물어보게 됩니다. 내가 지금 공부를 왜 해야 되는지 모르기 때문에, 이거 하면 엄마가 뭐를 해줄 건지 묻는 거예요. 아이가 싫어하는 것을 시킬 때는 이것을 왜 해야 되는지 아이에게 설명해주세요. 아이의 흥미와 난이도에 맞춰 설명하되 너무 가르치고 싶은 것에 매몰되어서 아이의 관심사와 연결하지 못하는 실수를 저지르지 않도록 주의해야 합니다.

셋째, 의미를 알려주세요. 단기간이 아니라 오랫동안 무언가를 지속하기 위해서는 그 행동의 의미를 알려줘야 합니다. 아이가 자신이 하는 행동의 의미를 알고 보람을 느끼면 장기적인 변화를 이끌어낼 수 있습니다. 어떤 한 가지를 오래 끈덕지게 하는 사람들의 비밀을 알려드릴까요? 바로 자신이 하는 일에서 작은 의미를 잘 찾아낸다는 것입니다. 어떤 일에서 성취를 이루고, 그 성취의 의미를 정확히 아는 것은 매우 중요합니다. 아이가 공부를 했으면 꼭 검사하세요. 틀린 것을 찾아내는 검사가 아니라, 아이의 노력을 짚어주는 검사를 해보세요.

"이거 정말 열심히 풀었구나. 네가 노력한 흔적이 고스란히 보이네."

이렇게 인정받은 아이들은 정말 신이 나서 공부를 하게 됩니다. 우리는 언제 가장 힘든가요? 처음부터 누구에게 보여주려고 노력한 건 아니지만, 아무도 알아주지 않을 때 힘이 듭니다. 집안일을 한번 생각해보세요. 열심히 해도 티

나지 않는 게 집안일이지요. 그런데 "집이 왜 이렇게 깨끗해졌어? 와, 진짜 대단해" 이런 말을 들으면 어떤 기분이 들까요? 아이들도 마찬가지예요. 아이들이 동기부여가 돼서 어떤 일을 시작하고 나서 중요한 것은 부모님의 역할입니다. 아이가 노력한 것을 세세히 알아봐주는 것만큼 의미 있는 일은 없어요.

넷째, 역 동기를 주세요. "물 좀 떠올래?"라고 말하기보다는 "혹시 물 떠줄 수 있는 사람 없을까?"라고 문장을 바꿔서 얘기해보세요. 그 결과는 큰 차이가 있습니다. 전자처럼 말하면 싫다며 반발하기 쉬운데, 후자처럼 말하면 자기가 하겠다며 움직이기 시작합니다. 남자아이들은 어려운 과제 앞에서 '도전할까, 말까' 갈등하는 모습을 보입니다. 그때 도전하라고 부추기기보다는 '너에게는 좀 어려울 수도 있겠다'며 승부욕을 건드리면 불타오르는 게 남자아이들이에요.

지금까지의 이야기를 한 문장으로 정리해볼게요. 제 스승님이 하셨던 말씀인데요, 재미가 없으면 시작이 안 되고 의미가 없으면 지속이 안 됩니다.

PART 3

아들에게는
'행동육아'가 필요합니다

적절한 수용과 단호함으로 아이를 키우는 법

자기 세계가 강한 아들일수록 자신의 내면에 집중하는 능력은 강해지지만 상대방의 의중을 파악하는 능력은 부족하기에, 엄마의 훈육을 오해하는 경우가 생깁니다. 아무리 좋은 의도를 가지고 있어도 의도에 오해가 끼면 전달이 되지 않고 겉돌게 됩니다. 따라서 반드시 기름기를 쫙 빼듯 불필요한 감정을 빼고, 아이를 가르치는 방식에 익숙해질 필요가 있습니다.

CHAPTER 1.

기질

이이의 문제를 지적하며 특성을 부정하기보나는, 아이만의 타고난
강점을 살리기 위한 '부모의 기다림'이 필요합니다. 그럴 때 비로소
아이는 본인의 기질을 그 자체로 사랑할 수 있습니다.

기다림을
힘들어하는 아들

'만족지연능력'을 키우는 법

아시다시피 육아는 시간이라는 재료가 반드시 필요한 일입니다. 특히 아들을 키우는 어머님들의 상당수가 가장 두려워하는 말 중 하나가 아들의 "나 심심해! 뭐 하고 놀아? 놀아줘!"입니다. 우리 체력은 절대 아들의 놀이 욕구를 완벽히 채워줄 수 없습니다.

이때 필요한 것이 바로 '기다림 가르치기' 코칭입니다. 잠시라도 제대로 임팩트 있게 놀아주기 위해선 반드시 엄마(아빠)의 시간을 확보해야 할 필요가 있습니다. 엄마, 아빠도 사람이기 때문입니다.

특히 아들들에게는 애써 시간을 내어 '기다림'을 가르칠 필요가 있습니다. 선천적으로 딸들에 비해 아들들은 자기조절능력을 주관하는 전전두엽의 발달이 느리기 때문입니다. 실제로 '충동'에 관련된 문제는 대부분 남자아이들에게 나타납니다. 누군가는 '기다리는 건 사람이라면 자연히 배우게 되는 거 아냐? 이걸 굳이 가르쳐?'라고 생각하실 수도 있지만, 이걸 적당한 시일 내에 가르치지 않으면 아들의 불필요한 분노와 떼를 많이 마주치게 됩니다. 아들에게 들들 볶이다 보면 '시간을 내어 가르치는 일'이 어려워집니다. 무언가를 이루기 위해선 '적당한 기다림'이 필요하고, 기다리면 이뤄진다는 개념을 아이에게 가르치지 않으면 육아 난이도는 확연히 올라갑니다.

이를 '만족지연능력'*이라 부릅니다. 만족지연능력이 부족하면 참을성이 없는 아이로 비치기 쉽습니다. 우리는 아들이 원하는 만큼 매번 놀아줄 수 없으며 스마트폰이나 텔레비전 없이 상당수의 시간을 스스

---

* 자기통제의 하위영역 중 하나, 더 큰 결과를 위하여 즉각적인 즐거움, 보상을 자발적으로 억제하면서 욕구충족의 지연에 따른 좌절감을 인내하는 능력.

로 메우는 연습이 필요합니다. 때문에 만족지연능력은 반드시 시간을 내어 가르쳐줘야 하는 중요한 코칭 항목 중 하나입니다. 기다림(만족지연능력)을 가르치는 방법은 크게 네 단계로 구분됩니다.

1. 무릎을 굽혀 눈을 맞추고 아이가 기다릴 수 있는 시간을 제안하기
2. 무엇을 하면서 기다릴지 명확하게 알려주기
3. 반드시 약속을 지켜주기
4. 이번엔 조금 더 긴 시간의 기다림 제안하기

사실 대부분의 부모들은 기다림을 은연중에 가르치고 있긴 합니다. 다만 기약 없는 기다림을 가르친다는 점에서 문제를 겪습니다. 예를 들어 설거지를 하고 있는데 아이가 다리에 매달려 무언가를 자꾸 요구한다면 "엄마 이거 하고 있잖니! 좀 기다려!"라고 다소 성의 없이 말하고, 더 이상 요구하면 혼날 수도 있다는 뉘앙스를 풍기기도 합니다. 아이에게 공격적으로 말하고 약속을 지키지 않는 형태로 끝내서는 안 됩니다. 그 이유에 대해 세세하게 설명해보도록 하겠습니다.

첫 번째 문제, 언제까지 기다려야 하는지 정확한 제한시간이 없습니다. 종종 아들에게 중요한 말을 해야 할 때 "잠시만 엄마 앞에 앉아봐. 엄마 눈 봐"라고 시작하는 것보다는, "민준아, 3분만 이야기할 거야"라며 시간을 정해놓고 이야기하는 편이 좋습니다. 그 이유는 언제 끝날지 모르는 기약 없는 가르침이 참 어렵기 때문입니다. 회사에서

사장의 말이 언제 끝날지 모르는 상태가 지속된다면 직원의 기분은 어떨까요? 기다림을 가르칠 때도 마찬가지입니다. 정확한 기다림을 가르치기 위해선 명확한 시간 제시는 필수입니다. 이 시간은 아이의 능력에 따라 결정되지만, 만일 기다림을 처음 배우는 아이라면 2분 내외가 좋습니다. 아이가 기다림에 절대 실패하지 않을 만한 시간을 제안하는 것이 핵심입니다.

두 번째 문제, 무엇을 하면서 기다려야 하는지 알려주지 않습니다.

'마시멜로 테스트'라는 유명한 심리 실험이 있습니다. 아이들이 일정 시간 눈앞의 마시멜로를 먹지 않고 기다리면 마시멜로를 하나 더 주는 대표적인 만족지연능력 실험입니다. 이 실험에 참가한 아이들 중 유혹을 참아내고 마시멜로를 하나 더 획득한 아이들의 특징이 있었습니다. 바로 마시멜로를 바라보지 않고 다른 놀이를 하면서 유혹을 참아냈다는 것이었습니다. 이를 기다리지 못하는 아이들은 마시멜로를 눈앞에 두면서 참아내려 하는 아이들이었고, 성공한 친구들은 자신의 관심사를 다른 곳으로 돌릴 줄 아는 아이들이었습니다. 우리는 이 능력을 전환능력이라 부릅니다. 그러하기에 기다릴 줄 모르는 아이들은 엄마가 "기다려!"라고 말할 때, "뭐 하고 기다려?!" 하면서 징징대며 울거나 엄마를 귀찮게 합니다.

"민준아, 엄마가 2분 후에 놀아줄 테니까 그때까지 레고를 열 칸 쌓고 있어봐."

이와 같은 말이 필요합니다. 별것 아닌 말 같지만 이런 말이 '아, 기다릴 때는 다른 놀이를 하면 시간이 빨리 가는구나' 하는 깨달음을 줄 수 있습니다.

차를 타고 가는 내내 "언제 도착해?"를 백번 묻는다면 아이에게 기다림과 전환능력을 가르쳐야 하는 순간이라고 생각해야 할 때입니다. 그럴 땐 이렇게 이야기해보면 좋겠습니다.

> "응, 앞으로 10분은 더 가야 해. 그냥 기다리지 말고 창밖에 초록색을 찾아보면서 기다려볼까?"

세 번째 문제는 약속을 지키지 않는 것입니다. 아이가 막상 기다렸는데도 엄마가 약속을 지키지 않고 놀아주지 않는다면 아이는 엄마의 '기다림 약속'을 신뢰하지 않게 됩니다. 기다려도 약속이 지켜지지 않는다는 것은 아이에겐 중요한 메시지로 남습니다. 물론 엄마에게도 중요한 상황이 있었을 것입니다. 당장 해결해야 하는 약속이 새로 생겨났을 수도 있고, 누가 찾아왔을 수도 있습니다. 그러나 한 번 말했다면 반드시 약속을 지키는 모습을 보일 필요가 있습니다.

기다림(만족지연능력)을 가르칠 때 가장 중요한 과정은 바로 이 약속을 지키는 과정입니다. 아이의 마음속에 '우리 엄마(아빠)는 약속을 안 지켜' 하는 확신이 쌓이면 아이는 더 이상 기다리지 않습니다. "내일 엄마가 더 많이 놀아줄 테니까 오늘은 일단 집에 가자"라고 해도 아이는 믿지 않습니다. 기다려봐야 엄마는 약속을 지키지 않을 거라는 확신이 있기 때문입니다. 우리는 늘 아이를 평가하면서도 아이 또한 우리를 평가하고 있다는 사실은 잊곤 합니다. 심리 실험에서도 교사가 아이와의 작은 약속을 어기면서 과제를 내줄 때보다, 약속을 지키면서 과제를 내줄 때 과제 이행률이 훨씬 높아졌다고 합니다.

사실 교육에서 가장 힘든 부분 중 하나가 '내가 한 말을 지키고 살아가는 것'입니다. 늘 일상은 변수가 시시각각 생기고 종종 어른들의 세계를 살다 보면, 아이와의 약속이 사소하다고 느껴질 때도 있습니다. 혹은 아이가 먼저 텔레비전을 보느라 정신이 팔려 밥 먹고 젤리 사러 가자는 약속을 까먹은 듯 보여, 살짝 넘어가고 싶을 수도 있습니다. 하지만 아이들은 우리의 생각보다 기억력이 좋습니다. 오늘 살짝 넘어가면 다음 만족지연이 실패할 확률이 높아집니다. 잊지 마세요. 이 기다림(만족지연) 코칭법은 단순한 약속이 아니라 세상은 신뢰할 수 있는 곳이라고 가르치는 일과 같습니다.

★ 민준쌤 한마디

아이 입장에서 '기약 없는 기다림'이 되지 않도록 주의하세요. '시간 제안', '무엇을 할지 알려주기', '기다림 후 약속 지키기' 꼭 기억하세요.

기다림 가르치기 코칭 팁

① 무릎을 굽혀 눈을 맞추고,
   아이가 기다릴 수 있는
   시간 제안하기

② 뭐 하면서 기다릴지
   명확하게 알려주기

③ 약속은 반드시 지키기

④ 이번엔 조금 더 긴
   기다림 시간 제안하기

2

무슨 일이든지
꼭 허세를
부리는 아들

·····························

허세의 장점을 제대로 활용하는 법

"선생님, 아들의 허세는 어떻게 다뤄야 하나요? 우리 아들은 허세가 너무
심해요. 뭘 시키면 자기는 다 할 수 있다고 허세만 부리고 있어요. 이거 가
만둬야 하나요?"

모든 아들을 키우는 부모님들이 반드시 넘어야 하는 허들 중 하나

가 아들의 허세입니다. 남자아이들은 선천적으로 허세가 심합니다. 이를 알아보기 위한 실험이 하나 있었는데, OECD 국가 중 8곳의 나라에서 청소년 남녀 아이들에게 13개 문항을 풀게 한 후 그 결과를 채점했습니다. 재미난 점은 13개 문항 중 3개 문항은 허구의 수학 개념을 넣어놓고 이 개념을 이해하는지 질문을 했는데, 8곳의 국가 모두 동일하게 남자아이들만 '나는 이 문항을 이해한다'라고 적었다고 합니다. 한두 국가에서 나오는 문제라면 문화 차이라 볼 수도 있겠지만 이렇게 넓은 분포로 동일한 차이가 나올 때, 이는 생물학적 차이라고 예측해볼 수 있습니다.

아들의 허세는 반드시 안 좋은 면만 있는 것이 아니기 때문에 너무 나쁘게 볼 필요는 없습니다만, 가만두면 자존감이 떨어지므로 잘 코칭해줘야 하는 영역이기도 합니다. 현장에서 보면 말로는 잘할 수 있다고 하지만, 마음 깊은 곳에선 자신을 믿지 않는 남자아이들을 많이 보게 됩니다. 자존감이 낮아지는 패턴은 이렇습니다.

'나는 이걸 잘하는 아이고, 남들보다 뛰어난 아이여야만 해.'
'막상 해보니 안 되네?'
'내가 이걸 못한다는 것을 인정할 수 없으니, 나는 이걸 그냥 피해야겠다.'
'남들이 내가 생각보다 잘 못한다는 것을 알아차리면 어쩌지?'

<h2><흔한 남자아이들 반응 유형></h2>

① '망했어' 유형

② '남 탓' 유형

③ '시시해, 재미없어' 유형

④ '회피' 유형

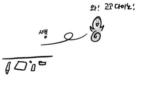

저는 아들들 대부분이 겪고 있는 문제의 핵심이 바로 이 부분에 있다고 생각합니다. 이상은 높은데 현실의 나는 별 볼 일 없어 이상과 현실의 괴리가 너무 큰 것입니다. 놀랍게도 대부분의 아들을 포함한 남성들은 이런 심리적 문제에 시달리고 있습니다. 남성들의 히어로물 영화 소비량이 높은 것도 이와 연관이 깊습니다. 남성들이 열광하는 히어로물 스토리는 별 볼 일 없는 남성에서 우연한 기회에 초인적인 힘을 얻어 세상을 구하는 식으로, 대체로 비슷한 흐름을 갖고 있습니다. 이는 남성들이 어떤 욕구를 가지고 있는지 잘 알 수 있는 사례라 생각합니다. 우리는 이런 남성의 욕구를 바르게 이해하고 어려서부터 이 욕구를 바르게 직면하는 방법을 가르쳐야 합니다.

제가 남자아이들을 가르칠 때의 예를 들어보겠습니다. 대부분의 남자아이들은 자신이 만들기 어려운 로봇을 만들겠다고 말합니다.

"선생님! 저 진짜 아이언맨이 입을 수 있는 슈트를 만들 거예요!"

이럴 때 그냥 해보라고 하면 이것저것 하는 시늉을 하다 금방 "선생님 저 그냥 다른 거 할래요"라고 말하며 실패의 경험을 누적합니다. 그렇다고 처음부터 '너는 어려서 안 된다'고 그저 꺾기만 한다면, 아이는 교사가 자신을 인정해주지 않는다고 느끼며 본인을 미워한다고 생각합니다. 이런 아들들에게 꼭 해줘야 하는 이야기가 있습니다.

"민준아, 너는 나중에 반드시 아이언맨 슈트를 만들 수 있어. 선생님은 널 진심으로 믿지. 그러나 그게 오늘은 아니야. 모든 어려운 일은 반드시 단계가 필요하지."

이렇게 말한 후 아이언맨 슈트를 그림으로 그려보게 하는 것으로, 아이가 자신의 목표를 이룰 수 있는 현실적인 목표로 돌려주는 노력이 필요합니다. 이런 말을 반복해서 해주면 아들은 어느새 모든 위대한 결과는 반드시 노력을 수반하게 된다는 사실을 서서히 깨닫게 됩니다. 이를 알아야 아들은 비로소 히어로처럼 단박에 멋진 아이언맨 슈트를 만들지 못하는 스스로를 용서할 수 있습니다. 이를 배우지 못해 아직도 히어로가 되지 못하는 자신을 깊이 감추고, 세상에 직면하지 못한 남자아이들을 만날 때면 안타까운 마음이 듭니다.

★ 민준쌤 한마디

이상과 현실의 괴리가 큰 아들의 마음을 알아주세요. 아이가 커갈수록 자존감 높은 아들로 자라날 것입니다.

3

산만함의 끝을
달리는 아들

자신의 기질을 사랑하게 하는 법

주의력결핍 과다행동장애(ADHD)는 남자아이들에게 많습니다. 통계
상 여자아이들에 비해 네 배 이상 많은 것으로 나오며, 현장에서 체
감하기에는 산만한 아이들은 죄다 남자아이들인 것 같습니다. 꼭
ADHD가 아니라도 남자아이들은 대부분 충동적이고 산만해 보입니
다. 한시도 가만히 있지 못하는 아들을 바라보면 엄마 마음은 불안해

지기 시작합니다. ADHD는 아닐지, 언제까지 이렇게 산만할지, 선생님에게 지적받는 것은 아닌지. 그래서 많은 어머님들은 학교 가기 전까지 가능한 ADHD 증상을 뿌리 뽑아주려고 마음먹습니다. '아들을 그 자체로 먼저 인정해줘야지' 하면서도 불쑥 집중을 잘하는 친구와 비교되는 모습을 보는 날이라도 있다면 '내가 너무 방치한 게 아닌가' 하는 마음에 아들을 다그치게 되는 패턴을 보입니다.

여기서 꼭 알아야 할 부분이 있습니다. 우린 아들의 어떤 성향을 뿌리 뽑겠다고 생각할 때는 자꾸 아이에게 화가 납니다. 아들의 감정을 잘 다루지 못하고 극한의 상황으로 치닫는 문제의 핵심에는 나쁜 습관을 뿌리 뽑겠다는 마음이 존재합니다. 그러나 아쉽게도 어떤 문제는 없애려 할수록 더 안 좋아집니다. 틱(TIC)이 있는 아들을 자꾸 지적하면 틱 증상이 더 심해지고, 내향적인 아이를 내향적이라 지적하면 더 내향적이 되는 것처럼 말입니다. 이럴 땐 반대의 접근이 필요합니다. 아이의 문제를 뿌리 뽑겠다는 접근이 아니라, 아이가 가진 것을 사랑하도록 돕는 코칭법이 필요한 것입니다.

그러니 산만한 아들에게 해줘야 하는 말은 "너는 산만해서 정말 큰일이다. 학교에서 집중이나 하니?"라는 말이 아니라, "너는 그 성향 때문에 성공할 거야. 넌 남들이 갖지 못한 슈퍼 파워를 가졌거든"과 같은 말이 필요합니다.

현장에서 보면 많은 수의 산만한 아들들이 시간이 갈수록 생기를 잃어가고 자신감을 잃어갑니다. 자신에 대한 평가가 무척 낮은 아이가 되는 이유는 과한 지적 때문입니다. 종종 제가 산만한 성향에 힘들어하는 아들들을 인터뷰해보면 아이들은 이렇게 답변합니다.

"민준아, 너는 어떤 걸 잘해?"
"저요? 저 잘하는 게 없는데요."
"민준아, 너는 어떤 아이야?"
"저는 말 안 듣는 못된 아이요."

진짜 문제는 이때부터 생깁니다. 산만한 아이들이라고 모두 이렇게 자존감이 낮지 않습니다. 아이의 성향이 문제가 아니라 그 성향으로 인해 지적을 반복해서 받으면 어눌해지는 문제로 이 문제를 정의해서 보시면 좋겠습니다.

물론 아이를 지적하는 부모와 교사들의 마음은 충분히 이해합니다. 그러나 아이의 성향을 정상적인 행동이라 인정하지 않고 '내가 옆에서 계속 알려주면 이 아이는 변할 수 있어'라는 믿음을 갖는 것은 위험합니다. 다시 한 번 말씀드리지만 산만한 아들은 배우지 못해서 그런 것이 아닙니다. 타고난 기질입니다.

제가 아이들을 가르치면서 산만한 아이들을 오랜 시간 지켜본 결과, 그 아이들이 영원히 산만하지는 않습니다. 상당수의 아들들은 사춘기를 겪으며 어느 순간 훅 변하는 경우가 많습니다. 잠시도 가만히 있지 못하던 장난꾸러기 동창 남자친구들 중, 커서 만나니까 완전히 성격이 변한 경우가 그렇습니다. 아이의 기질은 쉽게 변하지 않지만 성격은 시간이 지나면 노력 여부에 따라 변합니다. 한 사람이 어려서 내향적이었다고 커서도 말을 잘 못하지만은 않습니다. 다만 내향적인 사람이 커서 말을 잘하게 되려면, 반드시 내 성향을 편안하게 인정하는 시간이 필요합니다. 편안하게 나의 내향성을 인정하고 사랑해줘야 사회성이 자라나게 됩니다. 산만한 아들도 마찬가지입니다. 일단은 자신의 성향을 사랑하고 인정하는 시간이 필요합니다. 아들의 산만함에 '슈퍼 파워' 혹은 '사냥꾼 유전자', '에디슨의 후예'라는 이름을 붙여보세요. 산만함은 콤플렉스가 되기 쉽지만 아이가 자신의 성향을 사랑하게 되면 눈에 띄는 발전을 하게 될 것입니다.

★ 민준쌤 한마디

아들의 산만함에 대한 지적이 하나하나 늘어날수록 아이의 자신감은 떨어집니다. 아이의 산만함이 분명 영원하지 않다는 것을 기억하세요.

ADHD,
틱 증상을
보이는 아들

아이의 증상을 완화시키는 법

에너지가 넘치고 산만한 남자아이들이더라도 다 같지는 않습니다. 어떤 아이는 시간이 지날수록 자신을 잘 제어하고 특유의 능력으로 남들이 보지 못하는 것을 봅니다. 반면, 어떤 아이는 시간이 갈수록 산만함을 넘어 소위 문제행동이라고 할 만한 증상이 늘어납니다. 왜 어떤 아이는 좋아지고 어떤 아이는 악화되는 걸까요? 치료학적 접근이 아닌 교육자적 접근으로 보면 그 이유는 명확합니다. 자신에 대한 믿음이 있고 스스로 조절할 필요성을 느끼는 아이들은 점점 좋아지고, 자신을 믿지 않는 아이들은 전혀 좋아지지 않습니다.

특히 소아정신과 의사들의 '2말 3초'라 부르는 현상에 주목할 필요가 있습니다. ADHD가 있는 아동의 상당수는 사춘기가 오면 급속도로 좋아지지만, 일부는 초등 2학년 말, 3학년 초부터 불안장애나 분노가 생기며 급속도로 악화되기 시작한다고 합니다. 사람들의 시선과 지적 때문입니다. 우리는 사회적 지적으로부터 아동을 보호해야 한다는 관점을 가져야 합니다.

'헬렌 켈러'를 모티브로 만든 〈블랙Black〉이라는 영화가 있습니다. 영화 내용을 보면 헬렌 켈러의 선생님이 눈도 보이지 않고 소리도 듣지 못하며 짐승에 가깝게 행동하는 헬렌을 만나자마자, 몸싸움을 마다하지 않고 소리를 지르며 손바닥에 글씨를 써가며 헬렌을 가르칩니다. 저는 이 부분을 매우 인상 깊게 봤는데 이때 선생님이 가르치고자 하는 것은 글씨가 아니라 자신에 대한 '믿음'이라 느꼈습니다.

'너는 생각할 수 있어. 너는 괜찮은 아이야. 포기하지 마.'

저는 교육에서 가장 중요한 부분이 바로 이 부분이라 생각합니다. 어떤 뛰어난 교육자도 배우지 않겠다는 아이를 가르칠 방법은 없기 때문입니다. 산만한 남자아이들 중 어떤 아이는 자신을 놔버렸다는 느낌을 줍니다.

'난 어차피 안 돼. 나는 원래 이렇게 산만하거든? 나는 원래 못하는 아이야. 너도 결국 나를 싫어하게 될 거야.'

이런 생각에 휩싸여 있는 아이는 아무리 좋은 약을 먹어도 소용이 없습니다. 먼저 자신에 대한 '믿음'을 찾아야 합니다. 아무리 산만하더라도 자신이 잘하는 것을 찾아내고 스스로에 대한 사랑과 믿음을 잃지 않는다면, 산만함은 언젠가는 조절할 수 있게 됩니다.

문제는 그런 믿음을 찾아내기 전에 먼저 세상이 아이를 교정하고 지적하는 데 있습니다. 당연한 이야기처럼 반복되는 지적은 아이의 자존감을 아주 쉽게 훼손합니다. 어쩌면 ADHD 약물을 복용하는 많은 아이들은 산만함과 싸우는 것이 아니라 세상의 지적과 싸우고 있는 것일지도 모릅니다. 그래서 저는 산만한 아이를 키우는 부모님께는 산만함을 줄이려는 노력보다 먼저 자존감을 개선하려는 노력이 우선되어야 한다는 점을 분명히 합니다.

결국 산만한 아들에게 필요한 경험은 무언가를 집중해서 해내는 경험입니다. 자신을 조절하고 집중한 경험들이 쌓여야 자신감도 생기고, 나름의 자기조절법도 터득해가며 시간이 갈수록 좋아집니다. 너무 자기조절에만 초점을 두어서는 안 됩니다. 산만한 기질을 가진 아들에게 종종 어른들이 "자, 3분만 가만히 있어보자. 차렷" 하고 가르치는 모습을 보면 안타까운 마음이 앞섭니다. 아이가 자신을 왜 조절해야 하는지 명분이 빠졌기 때문입니다.

우리 입장에서야 산만하고 문제가 있는 것이지, 당사자가 자신의 산만함이 불편한지는 별개 문제입니다. 산만함을 왜 개선해야 하는지도 모르는 아이에게 행동만을 개선시키려는 어른들의 노력은 반발심을 낳게 됩니다. 습관도 마찬가지입니다. 아이가 손톱을 물어뜯으면 "손톱 좀 물어뜯지 마! 한 번 더 하면 정말 혼나!"라고 말하기보다는, 손가락을 물어뜯고 싶을 때마다 해야 하는 대체 행동을 알려주는 편이 효과가 좋습니다. 예를 들어 "손톱을 물어뜯고 싶을 때마다 손가락을 꾹꾹 주물러보자"라는 코칭이 좋습니다.

제가 운영하는 유튜브 〈아들TV〉에 출연했던 장근영 심리학 박사는 "인간에게는 다른 것을 하도록 가르칠 순 있어도, 뭘 하지 못하게 하는 방법은 가르칠 수 없다"고 말했습니다. 또 다른 출연자인 존스홉킨스 대학의 지나영 소아정신과 교수 역시 틱 증상이 있는 아동 코칭법으로 "눈 깜빡거리지 마!"가 아니라 "눈을 깜빡거리고 싶으면 눈을 지그시 눌러봐" 등의 다른 방향으로 행동 전환을 하는 것이 효과적이라 말합니다.

엄마 : 민준아, 제발 잠시만 가만히 있어보자. 너는 왜 이렇게 산만하니?

아들 : 내가 왜 그래야 하는데?

이런 패턴의 대화는 반발심을 부추기고 결국 실패의 경험을 쌓게 되기 쉽습니다. 산만한 아들에게 집중하는 경험을 선물하는 가장 좋은 방법은, 아이가 좋아하는 것으로 시작해서 "좋아하는 것을 이뤄내기 위해선 하기 싫은 부분도 일부 참아내야 해"라고 가르치는 것입니다.

예를 들어, 저는 산만해서 집중하지 못하는 아들들을 만나면 제일 먼저 그 아이가 집중하고 싶은 대상을 찾아 같이 그림을 그리거나 만들어봅니다. 그리고 아이가 만들기를 완성하기 위해서는 조각이 제대로 붙을 때까지 글루건을 사용한 후, 10초간 지그시 눌러줘야 한다는 것을 명시합니다. 그리고 천천히 10초를 함께 세어봅니다. 아이들 입장에선 그냥 "10초만 가만히 있어"라고 말하는 것과 다릅니다.

아이들이 산만함을 조절하지 못하는 큰 이유는 오로지 부모나 어른의 동기로만 이루어지기 때문입니다. "내가 생각하기에 네가 조절을 해야 할 필요가 있어"라고 말하는 것과 "네가 좋아하는 것을 더 잘 이루기 위해선 잠시 멈추고 집중하고 생각하고 행동해야 해"라고 말해주는 것은 다릅니다. 전자는 부모의 동기고 후자는 아들의 동기를 부모가 돕는 형태이기 때문입니다. 가만히 10초만 있어야 하는 이유가 '네가 문제가 있으니까'가 아닌, '내가 좋아하는 것을 표현하고 이루기 위해서'인 점은 확실히 다릅니다.

놀랍게도 ADHD가 있는 아이들도 자신이 좋아하는 주제를 찾으면 아주 높은 집중력을 보여줍니다. 문제는 좋아하는 것과 좋아하지 않는 것에 대한 '집중력 분배'가 되지 않는다는 점입니다. '주의력 결핍'이라고 말하지만 사실은 '주의력 분배 부족 현상'이 더 맞는 표현입니다. 좋아하는 것만 가르치자는 것이 아니라, 좋아하는 것으로 출발해서 자신이 좋아하지 않는 부분까지 서서히 노력하며 조절해가는 방법을 가르쳐보자는 이야기입니다.

의사들은 ADHD 진단을 할 때 '좋아하지 않는 행동도 집중할 수 있는가'를 중요하게 봅니다. 때문에 '좋아하는 활동에 집중할 수 있다'는 점을 중요하게 보질 않는 경향이 있습니다. 그러나 좋아하는 것을 반복해서 성취하는 경험은 '자존감'에 결정적인 영향을 끼칩니다. 반대로 좋아하지도 않고 왜 해야 하는지도 모르는데 반복해서 지적하면, 자존감은 더할 나위 없이 낮아지게 됩니다. 못하는 활동을 할 수 있게 만드는 일부터가 아니라 잘하고 싶어 하는 일을 돕는 것부터 시작해보시길 바랍니다.

어느 누구도 상대가 원하지 않는 것을 가르칠 수는 없습니다. 천만금을 줘도 상대가 원하지 않으면 선물이 아닌 불편한 호의인 것입니다. 산만함을 뜯어고치겠다는 방향에 매몰되어선 안 됩니다. 대신 아들이 원하는 것을 이룰 수 있도록 도우며 아이의 자존감을 살피는 지혜가 필요합니다. 아이에게 '조절에 대한 의지'가 약보다 중요하기 때문입니다.

이와 같은 방법은 산만한 아이를 중심으로 기술했지만, 호불호가 강한 남자아이들을 코칭하는 데도 효과가 좋습니다. 아들의 집중력을 키워주는 좋은 코칭법은 "똑바로 앉아!"라고 아이에게 고함치며 가르치는 것이 아닙니다. 아이가 좋아하는 주제를 찾아 가르쳐야 할 주제까지 천천히 연결해가는 것이 중요합니다.

★ 민준쌤 한마디

눈에 보이는 문제행동에 집중하기보다는, 자신에 대한 믿음과 사랑을 전제로 아이 스스로 조절할 수 있는 힘을 기르도록 도와주세요.

10…9…8…7…

5

불안도가 높고
겁이 많은 아들

안정감과 신뢰감을 주는 법

남자아이들이라 하면 작은 문제쯤은 그저 대수롭지 않게 넘기고, 씩씩하게 지낼 것 같지만 현실에선 그렇지 않습니다. 굵은 목소리를 내며 어른이 된 것처럼 굴다가도, 무릎에 조금만 빨간색(피)이 보여도 온갖 호들갑을 떨기도 합니다. 또 어떤 아들은 높은 곳에서 뛰어내리는 것 정도는 아무것도 아닌 것처럼 행동하면서, 다른 친구가 쓴소리한 것에는 가슴 아파하며 몰래 눈물을 흘립니다. 낮에는 겁 없이 놀다가도, 저녁에 자기 전 아들의 모습은 또 달라집니다. 평소 엄마가 아무리 소리를 질러도 타격감이 없는 아들에게도, 자신이 무섭거나 불안을 느끼는 영역에선 부드럽게 코칭할 필요가 있습니다.

한 예로 빨간약을 바르는 것을 유독 무서워하는 아들이 있습니다. '아니, 상처를 소독하는 것도 아니고 건드리지도 않았는데 비명부터 지르니, 이렇게 무서워서 세상은 어떻게 살아갈까.'

별 걱정이 다 듭니다. 왜 그런 걸까요? 아이는 아직 불안과 아픔을 구분하지 못하는 상태이기 때문에 너무 긴장해서 진짜 아픈 것처럼 느끼기도 합니다. 이럴 땐 아이들에게 감정을 구분하는 방법을 알려 주면 도움이 됩니다.

아들 : 아파, 아프다고! 으앙!

엄마 : 민준아, 아플까 봐 무서웠어? 그럴 땐 무섭다고 하는 거야. 지금은 아픈 거야? 무서운 거야?

감정을 잘 다루지 못하는 사람들은 자신의 감정을 잘 인지하지 못하는 특징이 있습니다. 화를 내면서 자신이 언제 화를 냈냐고 소리를 지르고, 불안하면 불안하다는 정확한 표현 대신 자꾸 짜증을 냅니다. 아들에게 자신의 감정을 컨트롤하는 방법을 가르치기 위해선, 먼저 자신의 감정을 구분하는 훈련이 필요합니다. 상처 소독도 안 했는데 비명부터 지르는 아들에게는 "아직 시작도 안 했어! 엄살 부리지 마!"라는 말보다 "이건 아픈 게 아니라 무서운 거야. 아플까 봐 겁나니?" 하고 바른 표현을 알려주는 것이 좋습니다. 자기의 감정을 잘 다루기 위해선 지금 이 감정이 무엇인지 정확히 알아야 합니다. 그리고 충분한 예고가 필요합니다. 불안의 대부분은 모르는 것에서 오기 때문입니다.

새로운 학원에 가는 것을 두려워하는 아이는 학원이 두려운 것이 아니라, 모르는 곳에서 생기는 낯선 감정 자체가 두려운 것입니다. 인간은 모르는 것에 불안을 갖도록 진화되었습니다. 우리 아들은 이 능력이 남들보다 조금 더 예민하게 작동할 뿐인 것입니다. 이를 다루는 가장 좋은 방법은 모르는 영역을 차근차근 알아 가면 그만입니다.

치료 과정에 대해 아이 입장에서 이해하기 좋게 몇 번의 시뮬레이션을 하는 것도 도움이 됩니다. 치과에 간다면 그곳에서 어떤 선생님을 만나고 어떤 의자에 어떻게 누워서 어떤 도구로 치료하는지를 세세히 알려주는 것만으로도 불안은 많이 좋아집니다. 반대로 아이가 겁을 낼 때 기다려주지 않고, 갑작스레 무언가를 시도하면 신뢰를 잃기 쉽습니다.

다음으로 불안이 많은 아이에게는 신뢰를 주는 사람이 필요합니다. 사실 아이들도 본인이 무섭거나 힘들어도 해야 할 일에 대해서는 잘 알고 있습니다. 다만, 충분한 배려와 기다림의 시간이 필요합니다. 예를 들어 물에 대한 공포증이 있을 때 수영장에서 갑자기 나를 밀지 않을 사람, 치과 불안증이 있을 때 치과에서 갑작스럽게 나를 묶지 않을 사람이 필요합니다. 수영장에 처음 들어가 불안에 떠는 아이에게 가장 필요한 말은 '네가 원하지 않으면 언제든 도로 나갈 수 있어'라는 것을 기억해야 합니다. 수영장에서 마음의 준비도 되지 않았는데 갑작스레 나를 밀어버린다면, 다시는 그 사람과 수영장 근처에도 가고 싶지 않을 것입니다. 그보다는 충분한 시간을 들여 손과 발부터 물속에 담그고, 차근차근 단계를 거쳐 불안을 맞이하도록 돕는 편이 좋습니다. 대부분의 불안은 이렇게 단계를 거쳐 접근하면 별 문제가 없습니다.

물론 이렇게 하지 않아도 아이는 커갈수록 점점 자연스레 불안을 제어하는 방법을 배우게 됩니다. 다만, 그 시간을 큰 상처나 부담 없이 조금이나마 편안하게 보낼 수 있다면 좋겠습니다.

★ 민준쌤 한마디

아이가 특정 공포증이나 불안이 있을 때 아이를 닦달하기보다는 재촉하지 않고 기다려주는 지혜가 필요합니다.

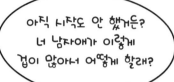

6

원하는 것은
반드시 해야 되는 아들

아이의 욕구를 제대로 거절하는 법

"선생님, 저희 아들은 하지 말라고 하면 너무 심하게 울어요. 한 번 갖고 싶은 건 반드시 가져야 하고요. 하겠다고 마음먹은 건 반드시 해야 하는 아이예요. 단호하게도 해봤는데 너무 울어대서 제가 아이 고집을 못 꺾겠어요."

아들 중에는 유독 욕구가 큰 유형의 아이들이 있습니다. 이러한 아이들을 대할 때 알아둬야 할 점이 있습니다. 아이가 일부러 떼를 쓰는 것이 아니라, 정말 욕구의 크기가 남들보다 크다는 것입니다. 이런 유형의 아이들은 원하는 것을 얻지 못할 때, 격하게 우는 특징이 있으며 엄마가 하지 말라고 해도 그냥 해버립니다. 물론 대체로 어린아이들이 이런 특성을 보이지만, 만 6세가 지나도 이런 모습이 반복해서 나온다면, 선천적으로 욕구가 큰 유형의 아이는 아닐지 고려해봐야 합니다.

이런 친구들은 흡사 빵빵하게 터지기 직전의 '욕구 풍선'이 가슴에 달려 있는 듯합니다. 부모도 힘이 들겠지만 아이 자신도 너무 큰 욕구로 인해 힘이 듭니다. 때문에 어른을 우습게 보는 고집이 강한 유형의 아이로 오해받기 쉽고 강한 훈육의 대상이 되기도 합니다. 한편, 이러한 아이를 잘못된 방식으로 훈육하면 어른을 미워하거나 자신의 자아상이 나빠지는 등의 부작용이 생기기도 합니다. 이런 친구들은 풍선을 터뜨리는 방향이 아니라, 천천히 바람을 빼면서 욕구를 거절하는 코칭법이 필요합니다.

큰 욕구 풍선 때문에 힘든 아이들은 어른의 단호한 거절에 취약합니다. 엄마가 단호하게 "안 돼! 한 번 안 되면 안 되는 거야!"라고 외치면 풍선이 뻥 터지듯 눈물이 터집니다. 종종 분노발작도 일으킬 수 있습니다. 이런 사태가 반복되면 부모는 아이와의 협상에서 쓸 수 있는 카드가 너무나 적어집니다. 그저 마음대로 들어줄 수도 없고, 안 된다고 하면 아이가 상상초월로 울어버리는데 누구도 답을 주지 않으니 답답하기만 합니다.

이런 상황에서 가장 효과가 좋은 코칭법은 풍선의 바람을 빼듯, 아이의 욕구를 빼주면서 문제행동을 다루는 것입니다. 예를 들어, 어떠한 물건을 갖고 싶다고 떼쓰는 아이의 욕구를 다뤄보겠습니다.

아들 : 엄마! 나 이거 꼭! 갖고 싶어! 나 사줘! 응? 필요해.

엄마 : 엄마가 안 된다고 몇 번 말했지? 안 돼!

아들 : 으앙!! 으아악!! 으앙아아아앙!

엄마 : 민준아, 엄마가 안 된다고 미리 말했잖아. 나중에 사줄게.

아들 : 싫어! 으앙아앙앙아앙!

엄마 : 너 왜 이렇게 고집쟁이니? 왜 이렇게 떼를 써. 너 이러면 다시는 못 데리고 나와.

아들 : 싫어! 데리고 나와!

위 대화의 패턴은 잘못된 코칭법이라기보다는 아들이 욕구 조절을 못하는 상태임을 간과한 방식이라 볼 수 있습니다. 욕구 조절의 핵심은 욕구를 정확하게 짚어주면서도 안 된다는 입장을 명확하게 전달하는 것에 있습니다. 쉽게 말하면 안 된다는 거절을 하되, 욕구를 정확하게 짚어주고 안 된다는 말을 연달아서 해주는 것입니다. 처음부터 "안 돼!"라고 하면 아들은 바로 대립 태세에 들어가 단단한 껍질 속으로 숨어버립니다. 안 된다는 말보다, "지금 네가 원하는 것은 이런 것이지?"라고 욕구를 정확히 읽어준 다음, 거절해야 불필요한 감정을 건드리지 않습니다.

부모가 저지르는 실수는 아들의 욕구 풍선을 거절하기 위해, 아들과 같은 강도로 거절을 한다는 점에 있습니다. 부모가 불필요하게 강한 어조로 "안 돼!"라고 전달하면, 아들은 처음에는 원하는 것을 얻고 싶어서 울지만, 나중에는 부모의 태도가 서운해서 웁니다. 중요한 점은 욕구 풍선은 꼭 뭔가를 해주지 않고 정확히 알아주는 것만으로도, 바람이 서서히 빠진다는 점입니다.

아들 : 엄마! 나 이거 꼭 갖고 싶어! 나 사줘! 응? 필요해.

엄마 : 민준이 그거 사고 싶어? 그런데 오늘은 사는 날이 아니야.

아들 : 아니야! 나 이거 살 거야! 사줘!

엄마 : 엄마 봐봐. 민준이, 이거 갖고 싶어? 지금 바로 사고 싶은 거지?

아들 : 응, 갖고 싶어. 필요해.

엄마 : 엄마가 민준이 마음 알아. 그런데, 오늘은 안 돼.

아들 : 으앙! 갖고 싶다고! 갖고 싶어!

엄마 : 에고, 눈물 나는구나. 울어도 돼. 속상하지? 엄마도 너무 사주고 싶어. 그런데 오늘은 안 돼.

아들 : 그래도 갖고 싶다고!

엄마 : 엄마 봐봐. 민준이 갖고 싶은 거 알아. 엄마도 너무 사주고 싶어. 민준이 생일날 사러 올 거야. 그런데 오늘은 안 돼.

★ 민준쌤 한마디

욕구가 크면 조절에 어려움을 겪지만, 커서 무언가를 이룰 때 중요한 원동력이 되기도 합니다. 아들의 강력한 무기를 갈고닦아준다는 마음으로 도와주세요.

<욕구가 큰 유형의 아이>

···좀 이따가 해야지.

새로운 곳에
가기 싫어하는 아들

예민한 특성에 잘 대응하는 법

"선생님, 우리 아들은요. 막상 들어가면 잘하는데 꼭 가기 전에 힘들어해
요. 왜 이러는 걸까요?"

코로나 이후로 등원거부 사연이 부쩍 많아졌습니다. 체감상 대여
섯 배는 많아진 듯합니다. 등원거부를 하는 자녀를 보는 부모의 마음

은 복잡합니다. '이렇게 싫어하는데 원에 문제가 있는 것은 아닐까? 내 욕심 채우려고 아이를 굳이 유치원에 보내는 건가? 혹시 아이가 분리불안이 있는 것은 아닐까?'와 같은 고민이 시작됩니다. 시간이 갈수록 '아이가 거부하면 유치원 또는 학교에 보내지 않겠다'는 부모님이 많이 생기는 듯합니다.

문제는 이 현상이 아동의 발달 전반에 영향을 미치게 된다는 점입니다. 세상에는 싫어도 해야 하는 것들이 있고 그것들을 해낼 수 있어야 합니다. 불안을 다루는 효과적인 태도는 반복해서 불안을 깨뜨리는 것입니다. 처음엔 불안해서 하면 안 될 것 같은 것들을 막상 해보니 아무런 문제가 없다는 것을 반복해서 깨달아야 합니다. 그런데 아이가 상처를 받을까 봐 도전을 나중으로 미루다 보면, 아이는 불편한 일들을 영원히 회피할 수 있다는 잘못된 믿음이 생겨버립니다. '하기 싫은 일은 회피할 수 있다'는 믿음은 아이가 성장하지 못하게 막습니다.

아이가 등원거부를 할 때 환경적인 문제가 있다면 이를 찾아내려는 태도 또한 중요합니다. 아이에게 질문을 하거나 주변 아이들의 태도도 참고해보면 좋고 교사에게 진솔하게 상황을 공유하는 것도 필요합니다. 그러나 대부분의 등원거부는 원의 문제가 아니라, 아이의 '예민함'이라는 과제 때문임을 기억해주시면 좋겠습니다. 내 아들이 평소에 작은 불편한 일에도 자주 울거나 자신이 원하는 대로 맞춰주지 않는 것을 못 견딘다면, 기관에 가기 싫다고 떼를 쓸 확률이 높습니다.

이런 아이들의 주된 특징은 작은 자극도 남들보다 크게 느끼고 그로 인한 불안이 높으며, 불안을 낮추기 위해 다양한 방어기제가 발달했다는 점입니다. 아이가 예민하면 부모의 케어는 날로 섬세해집니다. 아이가 불편한 것은 미리 해결해주고 아이가 싫어하는 음식은 올리지도 않고 '내 아들 맞춤 감정 케어 서비스'가 생겨나기 시작합니다. 아이러니하게도 부모의 이런 능력이 종종 아들의 등원거부 기제를 발달시키기도 합니다. 엄마, 아빠의 케어가 섬세하고 강할수록 둥지를 떠나기가 힘든 것입니다. 역설적으로 섬세한 아이들의 자립에 엄마, 아빠의 섬세한 케어는 독이 되기도 합니다.

얼마 전 인터넷에서 한 중학교 교사가 쓴 글이 인상 깊었습니다.

'예전에는 준비물을 안 가져왔으면 어떻게든 빌릴 생각을 했는데, 지금은 그냥 멀뚱멀뚱 앉아만 있다.'

너무 많은 사랑과 케어는 아이를 심각한 의존증에 빠뜨릴 수 있습니다. 그래서 이런 경우 아이의 등원을 돕기 위해서는 다소 냉정하고 차가운 분위기를 조성하는 편이 좋습니다. '유치원은 차갑고 엄마 품은 따뜻해'라고 느낄 때 아이들은 용기를 내기 어렵습니다. 아이를 공격해서는 안 되겠지만 너무 감정을 케어하는 분위기가 아니라 다소 딱딱한 태도로 '당연히 가야지' 식의 분위기를 만드는 것이 좋습니다. 이럴 때 이런 말투는 피해야 합니다.

"가기 싫어? 왜 가기 싫어? 거기 가면 재미있는 거 많아. 가서 뭐

하면 좋을까?"

설득하려 할수록 아이의 방어기제가 높아집니다. 왜 가기 싫은지를 설명하다 보면 정말 가기 싫어집니다. 게다가 자신이 '안 가겠다고 마음먹으면 안 갈 수 있겠다'는 희망이 들수록 아이는 포기하기 어려워집니다. 그러므로 이럴 때는 마음은 받아주되, 행동은 받아주지 않는 기제가 필요합니다.

"엄마도 민준이가 가기 싫은 거 알아. 그런 마음 들 수 있어. 당연한 거야.
그런데, 가야 해."

만일 이런 말을 평소에 아껴왔다면 아이는 격렬히 저항할 것입니다. '원래 안 그랬잖아! 이제 와서 왜 이래!'라는 의미로 크게 울부짖을지도 모릅니다. 그러나 지금 제대로 가르치지 않으면 나중엔 더 어렵습니다. 단호한 태도로 예민한 아들을 한 걸음씩 세상에 내보내시길 바랍니다. 결국 교육의 목표는 자립에 있기 때문입니다.

★ 민준쌤 한마디

아들의 마음은 충분히 받아주되 행동은 단단하게 하여 아들을 세상에 내보내봅시다.

8

분노조절이
어려운 아들

휘말리지 않고 분노발작 다루는 법

훈육이 가장 어려운 순간은 아이에게 '패닉'이 왔을 때입니다. 불안이 많거나 아직 조절능력이 부족한 유아동에게 많이 나타나는 현상입니다. 주로 순간적인 감정에 빠져 비명을 지르거나, 상대를 가리지 않고 때리거나 감정을 조절하지 못하는 모습을 보입니다. 전쟁 영화에서 보면 종종 총알이 난무하는 전쟁터에 홀로 패닉에 빠져 멍하니 있는

병사가 나올 때가 있는데, 이와 비슷한 상황이라 볼 수 있습니다. 이성적인 생각이 어려운 상태로 큰소리를 치거나 무섭게 말해도 더 큰 패닉만 초래할 뿐 효과가 없습니다.

이럴 때 가장 많이 알려진 코칭법은 스스로 조절할 때까지 기다리는 것입니다. 아이가 스스로 이성을 차릴 때까지 충분히 울게 두고, 이런 식으로는 부모가 움직이지 않는다는 것을 알 때까지 아이를 무시하거나 지켜보라는 방법이 많이 제시됩니다.

예를 들어, 레고 때문에 분노발작에 빠진 아들이 있습니다. 레고가 잘 안 된다며 울고불고 짜증을 내고 엄마에게 해달라고 소리를 지릅니다. 고개를 뒤로 젖히고 바닥에 드러누워 혼자 엉엉 울기 시작하며 소리를 지릅니다. 이때 우리는 육아서에서 배운 대로 아이를 무시합니다.

그럼 아들은 엄마가 나를 무시해서 화가 납니다. 처음엔 레고 때문에 화가 났는데, 이제는 엄마가 내 말을 무시해서 화가 납니다. 1단계에서 끝날 문제가 2단계로 넘어가는 것입니다. 게다가 아이가 하나가 아니라 둘이면 한 아이에게 지나치게 많은 시간을 내기도 어렵습니다. 무엇보다 작은 감정도 한번 빠지면 9, 10단계까지 찍고 나오는 것이 습관처럼 형성이 될 수 있습니다. 그럼 어떤 방법이 효과적일까요?

설명드릴 방법은 제가 실제로 많이 활용하기도 하고, 다양한 방법 중 가장 효과가 좋았습니다. 아이에게 불필요한 분노를 낳거나 수치심을 주지 않으면서도, 패닉에 빠지는 시간은 단축하고, 패닉에서 스스로 나올 수 있는 힘을 길러줍니다.

분노발작은 일종의 패닉 상태입니다. 명확히 도움이 필요한 상황입니다. 핵심은 아이를 외부자극으로 무섭게 누르는 것이 아니라, 패닉에서 빠져나오는 방법을 패턴화시켜서 스스로 나올 수 있는 힘을 길러주도록 도와야 합니다. 이를 '내면화'라고도 하는데 패닉에 빠져 있을 때 벗어나는 방법을 반복해서 설명해 나중에는 부모가 없이도 스스로 빠져나올 수 있도록 돕는 것입니다.

첫째, 아이를 돕기 전에 엄마가 너를 도울 거라는 예고를 충분히 합니다.

이 과정은 119 구급대원이 환자를 도울 때 그 과정을 설명하는 것과 비슷합니다. "선생님, 이제 들어서 들것에 올려드릴 거예요. 마음의 준비를 하시고. 살짝 아플 수 있습니다. 하나, 둘, 셋!"

"민준아, 많이 속상하지. 조절 안 되면 엄마가 방으로 가서 도와줄 거야. 하나, 둘, 셋. (번쩍)"

둘째, 작은 방으로 자리를 옮긴 뒤, 뒤에서 아이를 꼭 끌어안아주며 패닉에서 빠져나오는 방법을 설명합니다.

꼭 끌어안으면 아이는 발버둥을 치며 2차 분노를 자아낼 것입니다. 놓으라며 거센 저항을 할지도 모릅니다. 패닉에 빠진 아이는 전반적으로 몸에 감각이 없고 일종의 '감정의 호수'에 빠져 있는 상태입니다. 뒤에서 꼭 끌어안는 행위는 아이에게 불필요한 감정을 최소화하면서도 아이를 감정의 호수에서 꺼내기 최적화된 자세입니다. 하지만 아이는 놓으라며 소리를 지릅니다.

셋째, 감정이 조절될 때까지 계속 시간을 쓰지 말고, 나올 수 있는 구체적인 방법을 알려주는 것입니다.

패닉에서 나오는 규칙은 스스로 조절해내는 것뿐입니다. "민준아, '조절됐어요!'라고 말하면 놓아줄 거야"라고 짧게 말합니다. 그럼 아이는 발버둥 치다가 "조.절.됐.어.요!"라며 감정적으로 소리 지를 수 있습니다. 거센 분노를 만나겠지만 거의 다 왔습니다. 일차적으로 아이가 패닉에서 어느 정도 벗어나서 이성적인 판단을 하기 시작한 것입니다.

넷째, 심호흡을 요구합니다. 분노에 찬 '조절됐어요!' 문장을 심호흡시킨 후, 차분한 '조절됐어요' 문장으로 전환합니다.

이때 잠깐이라도 조절된 기색이 보이면 아이를 놓아줍니다. "조절되었구나. 이제 놓아줄 거야"라고 말한 후 바로 아이를 놓아줍니다. 패닉에서 나오는 작은 성공경험을 몸으로 겪어보는 것입니다. 만일 여기서 다시 분노발작이 올라오면 다시 두 번째로 돌아가서 반복합니다. 그러면 아이는 금방 패닉에서 나오는 규칙을 이해하게 됩니다.

이 과정에서 가장 중요한 것은 아이를 분노로 다루지 않는 것입니다. 제압하고 굴복시키는 과정이 아니라 패닉에서 나오는 심리적 과정을 내면화하는 것이 목표입니다. 엄마가 없는 상황에서도 스스로 패닉에서 빠져나올 수 있도록, 엄마의 말이 아이 내면의 목소리가 된 듯 세뇌시켜주는 것이 핵심입니다. 한 번이라도 성공하고 나면 다음 루틴은 훨씬 쉬워집니다.

> ★ 민준쌤 한마디
>
> 고통에 빠진 아이를 강하게 누르려 하기보다는 '패닉'에서 스스로 빠져나올 수 있는 방법을 터득할 수 있도록 도와주세요.

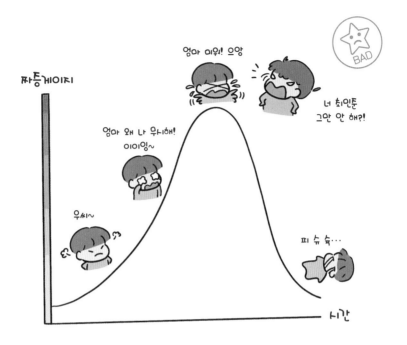

〈아들TV〉 화제의 영상
아들맘에게 꼭 하고 싶은 이야기
아들의 공부 의지 불타게 하는 법

아들TV
on air ✓

말만 하고 안 지키는 아들, 본질은 다른 문제일 수 있습니다

아들은 어머니에게 수없이 약속합니다. "오늘은 게임을 조금만 할게요", "오늘은 공부를 이만큼 할게요", "이번 시험엔 성적을 올릴게요." 하지만 약속을 지키는 경우는 좀처럼 없습니다. 왜 우리 아들들은 자기가 한 약속도 잘 지키지 않는 걸까요? 여기서 핵심은 어머니가 약속한 것과 아들이 약속한 것은 같은 내용의 약속이라도 그 정도에 있어 상당한 차이가 있다는 것입니다. 아들은 공부를 진짜 열심히 해야겠다는 생각에 공부하겠다는 약속을 한 게 아니에요. 공부를 하긴 해야 하니 일단 약속은 하는데, 왜 해야 하는지 진심으로 와닿는 상황은 아닌 거예요. 이런 상황에서 어머니가 열심히 하라고 다그치고 채근하면, 갈등이 생길 수밖에 없습니다.

인간이 무엇을 해내기 위해서 꿈을 가져야 합니다. 우리 아들들에게 꿈을 물어보면 "나는 나중에 의사가 될 거야", "나는 나중에 변호사가 될 거야"와 같은 이야기들을 합니다. 그런데 이건 진짜 꿈이 아니에요. 아이가 의사가 된다는 의미를 알까요? 변호사가 되어서 어떤 일을 하는지에 대해 진짜 알고 그 꿈을 말한 걸까요? 그렇지 않아요. 학교에선 초등학교 고학년만 되어도 계속 장래희망을 적어내라고 합니다. 그러다 보니 초등학생이라도 어쩔 수 없이 보여주기식 '쇼윈도 드림'이 생길 수밖에 없어요. 이런 것들은 아주 약한 수준의 약속이란 것을 인지하고, 아들을 대해야 합니다. 스스로 생생한 그림을 그리고 어떻게 그 목표를 이룰지 생각하다 보면 그에 이르는 하위 목표가 자연스레 설정됩니다. 무언가를 이루는 친구들은 스스로 자신이 되고 싶은 모습을 먼저 그려본 다음 그 모습을 이루기 위해서 노력하는 거지, 그냥 무작정 하다 보니 된 게 아니에요.

그런데 우리는 교육을 거꾸로 생각하고 있습니다. 아이를 가르칠 때 "네가 지금 공부를 해야 되는 이유는 네가 나중에 하고 싶은 걸 찾았을 때 발목 안 잡히기 위해서야"라는 말을 많이 합니다. 이런 방식으로는 아이가 가지고 있는 잠재력과 열정을 끌어올리기 힘들어요. 그럼 어떻게 해야 될까요? 반대로 내가 공부를 안 했을 때 생기는 일과 문제를 명확하게 인지하고 그것들을 생생하게 겪어보면 공부에 대한 의지가 불타게 됩니다. 예를 들어볼까요?

"너 나중에 대학교를 가려면 영어 공부 열심히 해야 돼."

이렇게 말하면 공부할 마음이 생기지 않습니다. 그런데 해외에 나가서 하다 못해 햄버거라도 하나 시키려는데 영어를 한마디도 못하면 자신이 바보처럼 느껴집니다. 이런 경험을 하고 나면 공부하는 자세가 완전히 달라져요. 공부가 재미있어지지요. 교육에서 중요한 것은 국영수가 아니에요. 아이가 진짜로 원하는 게 무엇인지 찾고, 그에 따른 목표를 스스로 설계해보고, 그것을 이뤄내는 경험을 반복하는 것. 그게 중요합니다. 저는 이걸 '자아실현'이라고 표현하고 싶습니다.

아들이 축구 선수가 되고 싶다고 합니다. 그럼 어머니는 고민을 하게 돼요.

'축구를 시켰다가 잘 안 돼서 나중에 공부를 하려면 너무 힘들지 않을까?'

그래서 겁을 먹고는 나중에 축구 선수가 되더라도 일단은 공부를 잘해야 된다며 공부부터 시킵니다. 그런데 저는 과감하게 한번 거꾸로 해보라고 말씀드리고 싶어요. 아이가 축구 선수를 향해 가다가 그 꿈이 좌절될 수도 있습니다. 그러나 그 과정에서 아이는 자신이 선택한 것을 이루려면 노력이 필요하다는 것을 직접 경험하고 그 감각을 익히게 됩니다. 저는 이게 인간이 성장하는 데 있어서 매우 중요하다고 생각해요. 스스로 목표를 세우고 자신의 내면과 대화해서 자신이 진짜 원하는 것이 무엇인지 스스로 통찰해보고, 그에 따른 정확한 목표를 스스로 설계해보고, 그것을 달성할 때 사람은 성장합니다. 그래서 어머니들이 조금만 거꾸로 생각해보셨으면 합니다. 어린 나이에 자신이 진짜 원하는 것을 찾아내 스스로 목표를 세우고 달성하는 경험을 해보는 것은 정말 중요합니다. 이런 경험이 반복될 때 자존감이 싹틉니다.

아이가 원하는 것을 찾았을 때, 그것이 아주 사소한 것이라도 상관없어요. 그림을 그리거나 만들기를 하거나 뭐든 자기가 좋아하는 것을 표현하고, 스스로 목표를 세우고 달성하는 경험은 중요합니다. 그것이 반복되며, 자기에 대한 감각을 느끼고, 자기가 원하는 것이 무엇이고 자기가 어떤 걸 이룰 때 어느 정도 노력이 필요한지를 직접 느껴보게 하세요. 공부 잘하는 아이로 만들기에 앞서 아이를 성장시켜야 합니다. 아이가 원하는 것을 본인 스스로 알아내고, 스스로 목표를 세우고, 그 목표를 달성하는 경험을 하게끔 해줘야 합니다. 그게 뭐든 상관없어요. 공부의 영역이 아니라도 괜찮습니다. 축구든 뭐든 아이 스스로 세운 목표를 달성하는 경험을 적어도 세 번 이상 하게끔 해주는 게 남자아이들의 자존감에 상당히 도움이 됩니다. 그러다 보면 자연히 공부의 필요성도 깨닫게 되지 않을까요?

CHAPTER 2.

소통

마치 분신처럼 느껴지는 내 아이더라도, 엄마와 아들이 하는 대화가 매번 잘 통할 수는 없습니다. 이 사실부터 인정한 후, 소통을 위한 노력을 한다면 아들과의 갈등은 분명 줄어들 것입니다.

9

말을 도통
듣지 않는 아들

전환능력을 길러주는 법

엄마 : 민준아, 엄마가 지금 열 번 말했어. 그만하고 옷 갈아입어야 돼.

아들 : ……

엄마 : 민준아! 너 엄마 말 안 들리니?

아들 : 아, 잠깐만. 나 이것만 하고.

아들 중에서는 유독 엄마의 지시를 따르지 않는 아이들이 있습니다. 이럴 때 엄마들은 '일상이 하나하나 힘들어지는' 지경에 처하게 됩니다. "티비 그만 보고 밥 먹어라", "밥 먹다 딴짓하지 말거라", "제발 돌아다니지 말거라", "이제 옷 입어라", "신발 신어라" 등 매순간 절대로 한 번에 말을 듣는 법이 없습니다.

결국 한 가지 과제를 넘을 때마다 소리를 지르지 않고는 진도가 나가질 않습니다. 엄마의 권위가 떨어졌거나 다른 문제가 있을 수도 있지만, 이럴 땐 아이가 자기 세계에 깊이 빠져 있는 건 아닌지 살펴볼 필요가 있습니다. 자기 세계에 깊이 빠져 있는 아들들은 타인을 잘 살피지 않고, 말할 때도 상대를 보기보다 허공을 보고 말하는 경우가 많습니다. 한번 무언가에 꽂히면 잘 나오지 못하고, 특히 멀티 능력이 부족하다는 평가를 받습니다.

앞서 언급했듯이 설문조사에서 아들 엄마들이 가장 힘든 점 1위는 '한 번 말해서 안 듣는 아들의 태도'였습니다. 엄마 입장에선 이런 친구들 가르치는 게 여간 어려운 일이 아닙니다. "이제 핸드폰 그만하고 양치질해야 돼!"라고 시키면 대답이 없거나 "아니, 근데~" 하며 말이 길어집니다. "더러운 데 누워 있지 말고 일어나서 이리 와"라고 말을 했는데도 대답을 하지 않거나, 못 들은 척하는 아들을 보면 마음이 심란해집니다.

이런 성향이 있는 아이들을 대하는 어머님들은 하나라도 수월하게 넘어가는 일이 없다고 호소합니다. 심지어 엄마를 무시한다며 눈물을 보이기도 합니다. 진짜일까요? 이런 아들의 마음은 어떤 걸까요?

아들은 실제로 '듣기'보다는 '보기'에 강한 뇌를 가지고 있습니다. 사람의 말을 듣고 이해하는 능력이 떨어지는 대신, 시각적인 자극에 훨씬 많은 반응을 주는 뇌를 갖고 있다고 봐야 합니다. 그러다 보니 본의 아니게 엄마 말을 무시하는 것처럼 보이는 상황이 자주 연출되고, 엄마는 아들에게 상처를 주는 일이 빈번하게 발생합니다.

"왜 너는 한 번 말해서는 말을 안 듣니? 응? 엄마가 너 때문에 얼마나 힘이 드는지 아니?"

종종 일부러 어른을 화나게 하는 듯한 착각마저 듭니다. 혹은 '엄마가 안 무서워서 그래'라는 생각으로 몰아붙이면 아이에게 상처만 주고 관계가 악화되는 경우가 많습니다. 아들은 나쁜 마음으로 엄마 말을 무시하는 것이 아닙니다. 머릿속에 재미난 상상을 하며 엄마의 요구를 차단하기도 하지만, 의도적인 것이 아니라 본능적인 행동에 가깝습니다. 엄마 입장에선 일부러 말을 안 듣는 것처럼 보이지만, 아들 입장에선 그저 재미난 상상을 했거나 스마트폰을 하다 잠시 엄마 말을 못 들었을 뿐입니다.

이런 아이들은 대체로 하던 것에서 눈을 잘 떼지 못합니다. 텔레비전을 보고 있을 때 양치하라고 말을 해도 쳐다보지 않습니다. 맞습니다. 이런 친구들의 약점은 바로 '눈'입니다. 눈을 통해 대상에 빠지고 눈동자가 한 대상이 꽂혀 있으면, 다른 이야기가 들리지 않는 것입니다. 그래서 눈을 가리고 말해주는 것만으로도 훨씬 좋아집니다.

평소 같으면 크게 소리 지르겠지만 이제는 전혀 화를 낼 필요가 없습니다. 앞서 언급했듯이 '저게 날 무시하네'라고 생각하면 화가 나지만 '전환이 안 되는구나'라고 인식하면 화가 나질 않습니다. 그저 성큼성큼 다가가서 아이의 시야를 살짝 가리고 말하면 될 뿐입니다. 재미있는 것은 아이의 시선을 끊어주는 것만으로도, 아이가 다른 과제로 전환하는 일이 훨씬 수월해진다는 것입니다.

이 코칭법의 핵심은 리모컨을 빼앗아 텔레비전을 끄거나 소리를 지르는 등의 과격한 행동 없이, 대립하지 않고 그저 도와주는 것입니다. 가까이 가서 아이의 눈을 살짝 가리며 "엄마 봐야 해" 정도로 따뜻하게만 말해도, 평소 엄마가 힘들어하는 문제의 상당수는 해결이 됩니다.

많은 전문가들이 아들을 설명할 때 '뒷일을 잘 생각하지 않는' 같은 수식어를 붙이기도 하고, '한 가지를 하고 있으면 새로운 정보가 들어오기 쉽지 않는'이라는 수식어를 붙이기도 합니다. 이를 조금 더 정확하게 표현하자면, 아들이 딸들에 비해 잘 듣지 못한다기보다는 전환능력이 부족하다고 볼 수 있습니다.

무언가에 몰입해서 빠져나오지 못하는 아들을 대할 때는, 전환을 돕는 코칭이 중요합니다. 아들이 엄마 말을 일부러 듣지 않는 게 아니라, 그저 하던 과제를 멈추고 다른 과제를 시작하는 능력이 떨어지는 것이기 때문입니다.

아들이 내 말을 잘 듣지 않고 하던 일에서 새로운 일로 전환하기가 안 된다면, 가장 효과적인 소통 방법 중 하나는 '쪼개 말하기'입니다. 길게 설명하지 않고 짧고 담백하게 말하라는 의미인데, 아들이 이런 소통 방식을 좋아한다는 점은 친구들과 놀 때 쓰는 문장의 길이를 봐도 설명이 됩니다.

"푸슝푸슝! 두두두"
"야. 하지 말라고."
"너, 금 밟았다. 아웃!"
"아, 열라 웃겨!"

담백하죠? 이를 그저 어휘력이 부족한 아이들의 대화 정도로 생각하면 안 됩니다. 아들의 언어는 대략 단어 몇 개의 나열만으로 전달될 정도로 직관적이고, 대개 두괄식이며, 가장 효율적인 방식으로 구성되어 있습니다. 저는 종종 아들들의 소통 방식이 쓸데없는 은유나 수식어 따위는 없는, 아주 담백하고 명료한 인재들의 기획안처럼 보이기도 합니다. 이런 아들에게 무언가를 지시내릴 땐, 돌려 말하거나 길게 말할수록 효과가 떨어집니다. 예를 들어, 자기 전에 아들에게 양치를 해야 한다고 가정해보겠습니다.

"민준아, 이제 하던 거 멈추고 양치하러 들어가야 한다. 안 그러면 너무 늦어서 내일 아침에 일어나기 또 힘들어져. 그럼 너만 피곤하고 엄마가 또 뭐라 하겠지."

상당수의 아들들은 말이 길어지면 순간 그 짧은 시간 자기만의 세계로 가버립니다. 만일 내가 말을 많이 하고 있는데 아이가 듣지를 않는다면, 내가 지금 말을 더 줄여야 할 필요가 없는지 검토해야 합니다.

"민준아, 이제 멈추고 양치해야 해."

담백합니다. 만일 이렇게 줄였는데도 아들의 반응이 시원찮다면, 더 줄이고 쪼개서 말할 필요가 있습니다.

"민준아, 잠시 멈춰. 멈췄니? 그럼 엄마 보자."

아들이 못 들은 척한다면 이 한 문장만 반복합니다.

"멈추자. 멈추고 엄마 눈 보자. 엄마 목소리 들리지? 잠시 멈추고 엄마 봐야 해."

아들이 멈춘다면 다음 단계로 넘어갑니다.

"자. 이제 엄마 눈 보자."

여기까지 아들이 쫓아왔다면 다음은 수월해지기 시작합니다. 전환 능력이 부족한 아들에게 다양한 지시를 하는 일은 작은 손바닥 위에 모래를 한 삽 떠주는 것과 같습니다. 내 아들이 한 번에 받아들일 수 있는 정보의 양을 체크하면서 '전환하기' 한 가지에만 집중한다면 어려웠던 아들과 나의 일상은 많이 나아질 수 있습니다.

★ 민준쌤 한마디

'청각'보다 '시각'에 강한 뇌를 가진 아들만의 특성을 인정해주세요.

<엄마의 입장>　　　　　<아들의 입장>

매를 들어야
부모 말을
따르는 아들

갈등 없이 아이를 변화시키는 법

한번은 모 방송 프로그램에서 일상의 훈육이 학대가 되었다고 생각하는 학부모님들을 코칭해달라는 연락이 왔습니다. 프로그램 특성상 아이를 한 번 이상 학대했다고 믿는 분들을 만나 코칭해야 하는 상황이었고, 다소 긴장된 마음으로 어머님들을 만났습니다. 어떤 어머님은 아이가 공중 화장실 앞에서 바지에 실수를 했는데, 너무 화가 난

나머지 이성을 잃고 손바닥으로 아들의 엉덩이와 등짝을 때린 후, 화를 제어하지 못한 자신을 보고 펑펑 우셨다고 합니다. 부모 입장에서는 여벌의 속옷이 없는 상황에서 아이가 실수를 하는 것에 예민할 수밖에 없습니다. 또 한 어머님은 너무 힘든 나머지 아이를 발로 차버렸다고 했습니다. 듣기만 해도 속상한 이야기들입니다.

아시다시피, 어떤 사유가 있어도 폭력은 정당화될 수 없습니다. 방송에 출연하신 모든 분들 역시 이에 대해 이미 잘 알고 계셨습니다. 참고, 또 참다가 마지막에 분노가 터져버린 것입니다. 어쩌다 그랬을까요? 회의실 한쪽 벽면을 가득 채운 그분들의 일상이 담긴 영상을 보면서 몇 가지 공통점을 알게 되었습니다. 그분들이 나쁜 부모라 아이를 때린 것이 아니라, 그럴 수밖에 없었던 몇 가지 유사한 실수가 있었습니다.

그것은 바로 훈육이 아닌 잔소리의 비중이 압도적으로 높았다는 것입니다. 잔소리와 훈육을 가르는 핵심은 '미수'냐, '성공'이냐에 있습니다. 통제를 시도했는데 성공하면 훈육이고 실패하면 잔소리가 됩니다. 엄마가 "민준아, 엄마 불편하니까 하지 좀 마!"라고 이야기했는데 아이가 행동을 멈추지 않습니다. 이럴 때 한숨을 크게 쉬고 그냥 넘어가는 상황이 반복되면, 잔소리의 반복이 되는 것입니다. 무엇보다도 엄마는 말을 하지만, 아들은 듣지 않는 안 좋은 경험이 쌓이고 있다는 점이 안타깝습니다.

"좋은 말로 할 때 그만하고 밥 먹어", "아주 허구한 날 폰만 붙들고 사는구나", "그러다 엄마 또 무서운 엄마로 변해?", 엄마는 계속 말을 하지만 아이는 행동을 멈추지 않습니다. 아이에게 하는 부모의 말이 마치 독백하듯 흘러갑니다. 그분들은 이미 아이에게 수차례 말해도 소용없었다는 듯 익숙하게 혼잣말로 훈육을 하거나, 아이가 울어도 무시하는 행동을 보였습니다. 몇 번 좋은 말로 아이에게 훈육을 했는데도 불구하고 아이가 내 말을 듣지 않으면, 대부분의 부모들은 무력감을 느낍니다. 스스로 상황을 통제할 수 없다는 것은 생각보다 힘들고 불안한 일입니다. 결국 최후엔 '화를 내야 말을 듣는다'는 공식으로 기울어지기 시작합니다.

"너는 꼭 엄마가 화를 내야 말을 듣지? 어? 좋은 말로 하면 너는 안 되지?"

이는 아이들도 마찬가지입니다. 엄마, 아빠가 자기 욕구를 제대로 받아주지 않는다고 느끼면 큰소리를 내기 시작합니다. 화가 나서 소리를 지르는 게 아니라 내 의견을 전달하려고 목소리를 높이다 보니, 덩달아 감정도 높아집니다.

아들 : 엄마! 나 좀 봐봐. 엄마! 아, 엄마!

엄마 : 민준아, 너 왜 이렇게 징징거려. 어른들끼리 이야기 중이잖아.

아들 : 아니, 언제까지 이야기할 건데!

이 문제를 해결하기 위해선 '큰소리를 내지 않고도 전달력을 높이는 방법'을 취해야 합니다. 소리를 질러야 말을 듣는 아들의 상당수는 엄마가 아들 가까이 가서 무릎을 굽히고 눈을 보고 말하는 것만으로도 잘 듣습니다. 상대가 내 말을 들어주지 않는다는 생각에서 나오는 분노는 시간을 내어 상대의 눈을 바라보고 경청해야 본질적으로 해결이 됩니다.

"민준아, 엄마가 할머니랑 대화 금방 끝내고, 민준이 이야기 들어줄게. 잠깐만 레고 갖고 놀면서 기다려줘."

놀랍게도 대부분의 아이들은 부모가 자신에게 잠시 시간을 내어서 정중하게 부탁하면 금방 수긍하고 해야 할 일을 합니다. 아이들 입장에서 어른들의 소통은 '건성건성', '대충' 혹은 '짜증스럽게' 자기 말만 반복하는 것처럼 보이기 쉽습니다. 아이 입장에선 할 말이 있는데 엄마는 내 말을 듣는 둥 마는 둥 하니, 별거 아니었던 감정이 기름이 끓듯 들들 끓게 되는 거죠. 이런 상황이 반복되면 아이를 제대로 가르치기 쉽지 않습니다.

그렇다고 아이가 엄마를 부를 때마다 매번 무릎을 굽히고 이야기를 들어주라는 말은 아닙니다. 기다림을 가르치더라도 진지하게 시간을 내어 눈을 보고 기다리라고 지시해야 합니다. 가족끼리 독한 말을 하거나 서로를 공격하는 관계에서 가장 흔히 보이는 패턴은 어차피 상대는 내 요구를 들어주지 않을 거라는 믿음을 갖는 것입니다.

아이의 눈을 지그시 바라보며 이야기하는 작은 행동엔 '엄마는 언제나 너를 진중하게 대할 거야'라는 메시지가 들어있습니다. 누군가를 진지하게 대한다는 것은 말로 보여주는 것이 아니라 행동으로 보여야 합니다. 바쁜 걸음으로 진공청소기를 밀며 멀리서 "최-민-준! 너 또 뛰어? 그러다가 아래층에서 올라오지! 아주!"라고 소리치기보다, 청소기를 잠시 끄고 아이에게 성큼 다가가 한쪽 무릎을 굽히고 아이 눈을 바라보고 이렇게 이야기해줘야 합니다.

"민준아, 거실에선 이렇게 뛰면 안 돼."

아마 처음엔 아이들도 어색해할 수 있습니다. 어떤 아이는 엄마 눈을 애써 피할 수도 있습니다. 눈을 보지 않는 아이에게 또 무섭게 "엄마 눈 봐. 최민준!" 소리치고 싶을 수도 있습니다. 그러나 여기서 중요한 메시지는 하나입니다.

"민준아, 엄마는 너를 진지하게 대할 거야. 너는 그만큼 소중한 사람이니까."

★ 민준쌤 한마디

사랑하는 아들을 체벌하는 가장 큰 이유는 나에게 체벌 외에 별다른 카드가 없다고 느끼기 때문입니다. 체벌하지 않고도 동일한 효과를 만들어내는 다양한 방식에 익숙해져봅시다.

친구 무리 속에서
비속어에
눈을 뜬 아들

비속어를 효과적으로 통제하는 법

아들을 키우다 보면 순수해 보였던 아들이 친구들과 있을 땐 욕을 잘한다는 불편한 진실을 마주합니다. 아들의 비속어 사용 문제는 아들맘이라면 누구나 한번쯤 겪는 고민입니다. 두 번째 파트에서도 언급했지만 다시 한 번 이 문제를 좀 더 심층적으로 다뤄보고자 합니다. 한 초등 6학년 담임이자 학폭위 담당을 하고 계신 선생님에 따르면 남자아이들이 여자아이들에 비해 욕설을 더 많이 하고, 이로 인해 학폭위가 열리는 비율도 6:4 정도로 남자아이들이 더 많다고 합니다. 어떤 상황에서 이런 일이 생기는 것일까요?

우선 남자아이들이 공격성을 느낄 수 있는 스포츠나 놀이를 하는 상황에서 반사적으로 하는 욕의 경우가 많기 때문입니다. 평소 과격한 경쟁을 유발할 만한 상황을 많이 만드는 남자아이들은 교실 뒤에서 레슬링 놀이 등을 재미로 시작했다가 감정이 올라오곤 합니다. 결국 욕으로 끝을 보는 경우가 많습니다. 공격적인 놀이로 시작해서 감정이 격하게 올라오는 때 욕을 하게 됩니다.

이런 경우는 욕에 대한 가르침보다 '감정을 다루는 방법'을 가르치고, 공격적인 놀이와 공격에 대해 구분할 수 있도록 해야 합니다.

"너 누가 욕하래! 너 어디서 못된 말을 배워가지고! 어!?"

이런 말은 그 순간 아이를 멈추게 하는 데는 도움이 될지 몰라도, 감정이 올라올 때마다 그에 준하는 외부자극을 찾게 되기 십상입니다. 예를 들어 감정이 많이 올라온 아들이 주먹을 휘둘러 벽을 치기도 합니다. 이는 자신의 감정을 조절하기 위한 미숙한 방식을 택한 것입니다. 이럴 땐 잠시 모든 행동을 멈추고 진정된 이후에 다시 시도할수 있도록 '감정 식히기'를 가르칩니다. 컴퓨터 게임을 할 때도 마찬가지입니다. 잠시 감정이 너무 올라왔을 때 스스로 멈추고, 몰입된 감정에서 나와 주변을 돌아보는 환기가 필요합니다. 이는 나중에 부모가 옆에 없을 때도, 스스로 멈추고 조절하는 능력을 함양할 수 있으므로 매우 중요한 훈련입니다.

두 번째로는 감정 없는 비속어가 있습니다. 남자아이들은 딱히 어떠한 감정이 없어도 평소에 친구들에게 욕과 비속어를 남발하기도 합니다. 비속어 문제는 인류가 언어를 능숙하게 쓰기 시작한 시점부터 끊임없이 등장하는 문제입니다. 얼핏 귀엽게 보이는 비속어도 활용도에 따라 상대를 상당히 화나게 합니다. 특히 부모 입장에서 다음과 같이 말하면 환장할 노릇입니다.

엄마 : 민준아, 이거 해야지?

아들 : 어쩔티비?

엄마 : 너 엄마한테 말투가 그게 뭐야.

아들 : 응. 저쩔 냉장고.

상대방의 반응을 잘 보지 않고, 자기 세계에 깊이 빠져 있는 아들일수록 이런 문제에 노출되기 쉽습니다. 어떤 아이들은 비속어를 쓰더라도 상황을 잘 파악하면서 쓴다면, 어떤 아이들은 상황에 맞지 않는 비속어를 남발합니다.

이럴 땐 어떻게 해야 할까요? 상당수의 부모님은 이럴 때 비속어를 쓰는 대상과 내 아이를 격리하는 방법에 대해 먼저 생각합니다.

'우리 아들은 여태 그런 적이 없었다. 그런데 누구누구를 만나며 이런 문제가 생겼다. 고로 이 문제는 내 아들 문제가 아니라 다른 아이들의 문제다'라는 식의 생각을 하는 것이지요.

그런데 이런 방식은 효과가 좋지 않습니다. 아이들의 언어는 특정 누군가에게 배웠다고 보기보다는 또래 문화이기 때문입니다. 그냥 자연스레 소셜 그룹에 들어가면 언젠간 노출될 문제를 처음 전해준 아이에게 전가하면 안 됩니다. 그 아이도 누군가를 보고 따라한 것에 불과하니까요.

무엇보다 아들 친구를 악의 무리로 간주하게 되면 아들과 사이가 크게 안 좋아질 수 있습니다. 이유는 부모가 내 친구를 욕하면 또래 세대에 대한 공격으로 간주하거나, 내가 이룬 관계와 성취에 대한 공격으로 받아들이기 때문입니다. 아이들에게 친구는 종종 가족보다 중요한 존재라는 사실을 기억하셔야 합니다.

그래서 아들에게 비속어에 대한 통제를 할 때는 비속어 사용 자체를 뿌리 뽑으려 하는 접근은 성공하기 어렵습니다. 효과적인 통제 방식은 상황을 잘 보고 어른들 앞에서 쓰지 않아야 한다는 점을 알려주는 것입니다. 남자아이들의 비속어 문화는 비속어 자체가 문제이기보다 상황과 맥락에 상관없이 쓴다는 점입니다. 친구들끼리 비속어를 사용하고 자기들만의 문화를 만드는 것과 맥락 없이 어른들 앞에서 무례하게 쓰는 것을 구분해서 가르쳐야 교정이 가능합니다. 비속어 자체를 쓰지 말라고 하면 아들 입장에선 무리한 요구라 생각할 것입니다.

'반 애들 다 쓰는데 엄마는 그것도 모르고….'

아들에게 어느 정도의 거친 행동과 자신들만의 비속어 사용은 그들 소셜에서 인정받기 위한, 일종의 필수 관문이라는 점을 이해하셔야 합니다. 나와 다른 아들을 잘 가르치기 위해선 지금 그가 살고 있는 세계가 현실적으로 어떤 세계인지 맥락을 잘 읽은 후, 아이가 받아들일 수 있는 제안을 해야 합니다. 그래야만 아이의 행동 또한 변화시킬 수 있습니다.

> ★ 민준쌤 한마디
>
> 남자아이들 사이에는 그들만의 '세계'가 존재한다는 점을 인정해주시고, 때와 장소에 따라 주의해야 할 말에 대해 알려주세요.

이렇게 바꿔볼게요.

12

짓궂은 행동을
골라 하는 아들

······································

장난과 깐족거림에 잘 대응하는 법

초등학교 선생님 2,154명 설문조사에서 '가장 이해가 가지 않았던 남자아이 행동' 2위(45.6%)는 '수업시간에 계속 웃기려고 하며 집중을 못함'입니다. 아들을 키우는 어머님들이 어려워하는 부분 중 하나도 훈육할 때 자꾸 웃기려고 하거나 깐족거리는 말투에 휘말려 화를 내게 된다는 것이었습니다. 수업시간만 생각해봐도, 대뜸 엉뚱한 말을 해 흐름을 끊고 웃기려는 아이들은 대부분 남자아이들입니다. 도대체 왜 그러는 걸까요? 많은 분들은 그저 아이가 관심을 받고 싶어서라고 생각하지만, 관심은 여자아이들도 받고 싶어 합니다. 그렇다면 무엇이 이런 차이를 만들어내는 걸까요?

남자아이들은 선천적으로 재미와 자극추구 욕구가 강합니다. 특히 웃긴 것을 찾아내는 데 천재적인 소질이 보일 정도입니다. 이 욕구는 남자아이들이 교실에서 웃긴 이야기를 공개적으로 하거나, 엄마를 웃기려고 깐족거리는 일에 매진하게 만듭니다. 일부러 그러는 것이 아니라 그냥 기질 자체가 재미를 추구하는 경향이 있다고 봐야 합니다.

예를 들어 양치를 하는데 자꾸 엄마에게 양칫물을 뱉으면서 싱글싱글 웃는 아들이 있다고 가정해봅시다. 엄마는 안 된다고 진지하게 말하는데 아들은 실실 웃으면서 한 번 더 뱉습니다. 이 장난을 빙자한 '선 넘기' 행동은 아들을 키우는 부모에게는 참 다루기 힘든 문제 유형에 속합니다. 만일 장난에 지나치게 민감하게 대응해서 소리를 지르고 나면, '장난 좀 치는 거 가지고 왜 저러지?' 하는 불만을 낳게 되고 그냥 같이 웃고 있자니 몸에서 사리가 나올 지경입니다.

이런 일은 초등학교 교실에서도 비슷하게 발생합니다. 남자아이들은 인정욕구가 매우 강하다 보니 교실에서 웃긴 이야기를 해서 모두를 웃기는 일은 그들에게 정말 멋진 일입니다. 특히 남자아이들 소셜에서는 잘 웃기는 아이들이 인정받는 경향이 있습니다. 여자아이들 소셜은 그렇지 않습니다. 자꾸 딴소리나 엉뚱한 이야기를 해서 수업 흐름을 끊는다면, '쟤는 왜 저러나. 같이 놀지 말아야겠다'라고 생각할 것입니다. 그러나 남자아이들 소셜에서는 친구들을 웃게 하고, 선생님을 당황시키면 서열이 올라가는 경향이 있습니다. 남자아이들에게 교실에서 중요한 사람은 선생님이 아닌 '또래 아이들'입니다. 그래서 교실에서 선생님에게 반항하는 아이를 따로 일대일로 부르면 훈육 효과가 좋은 경우가 많습니다.

게다가 아들들은 상대의 표정을 읽는 능력이 부족하고 감정처리 능력이 미숙합니다. 엄마가 무서운 표정으로 진지하게 훈육하려 해도 본인은 어떤 표정을 지어야 할지 모릅니다. 엄마의 무서운 표정은 공감해야 할 대상이기보다 해결해야 할 대상인 것입니다. 아들 입장에서 엄마의 '무서운 표정'은 문제고, 엄마의 '웃음'은 해결입니다. 엄마가 화내는 이유가 무엇이든 엄마가 웃으면 문제는 사라지는 거라 생각합니다. 그래서 종종 아들은 엄마가 화가 끝까지 난 순간까지도 분위기 파악을 못하고 그저 웃기려고 하는 무리수를 던지기도 합니다.

이럴 때 효과적인 코칭 방법은 '파도타기 코칭법'입니다. 웃기려는 욕구는 인정하되, 아이에게 휘말리지 않고 가르쳐야 할 것은 가르치는 전략입니다. 행동만 가르치면 되는데 웃기려는 마음까지 꺾을 필요는 없습니다. 때와 장소를 가리지 않고 시시각각 아들이 하는 장난에 지나치게 정색하는 일은 참으로 지치는 일입니다. 웃자고 한 말에 나만 정색하기도 이상하고, 아이들은 도리어 화를 내는 어른의 모습을 은근히 즐기기도 합니다. 이런 상황을 잘 타개하는 교사들을 보면 아이들의 장난에 승부를 걸지 않습니다. 장난은 미끼입니다. 장난에 승부를 걸면 나만 우스워집니다. 오히려 아이들이 웃기려고 할 때 그냥 같이 웃습니다. 그렇지만 적당히 웃고 다시 해야 할 말을 합니다. 흡사 파도를 타듯, 파도가 밀려올 때 맞서지 않고 힘을 빼지만 꼭 가르쳐야 할 것은 확실히 가르칩니다.

"민준이, 너무 웃기다. 너무 재미있는데? 그렇지만 이제 수업해야 해."
"오, 그 말도 맞아. 정말 기발한데? 그런데 지금은 하던 것에 먼저 집중해야 해."

그래도 아이가 계속 '웃기기'와 '흐름 끊기'를 시도한다면, 아예 멍석을 깔아주는 것도 좋습니다.

"민준아, 아직 할 말이 많이 남았지? 오늘 수업 끝나기 전에 민준이 이야기 한번 들어줄 시간을 가질게. 그때 모두 앞에서 이야기하자."

중요한 점은 이렇게 말한 이후 반드시 아이와의 약속을 지켜야 한다는 것입니다. 이를 통해 대중 앞에서 정식으로 이야기하는 감각에 대한 깨달음이 생기면 더 좋습니다.

이 방법은 집안에서도 마찬가지입니다. 아들에게 양치하라고 시켰는데 아들은 장난을 걸며 요리조리 피하는 상황으로 예를 들어보겠습니다. "엄마! 이것 봐라. 크크루삥뽕~" 하면서 웃긴 행동과 말을 시도할 때, 우리는 흔히 '정색할 것인가, 받아줄 것인가' 둘 중 하나를 선택하곤 합니다. 그런데 이 둘 중 하나를 선택하는 것이 아니라, '수용하면서 해야 할 말과 행동은 끝까지 시키는 훈육의 자세'가 필요합니다.

"하하하. 엄마도 크루크루삥뽕뽕, 정말 웃기다. 재밌었지? 하지만 이제 멈추고 양치해야 돼."

받아줄 땐 받아주고 가르칠 땐 가르치는, 파도와 맞서지 않고 큰 파도를 보는 서퍼와 같은 마음가짐을 가져보면 좋겠습니다. 만약 몇 번 반복해서 말을 해도 되지 않을 땐 화낼 필요 없이 "이제 마지막으로 한 번 더 웃고, 안 되면 엄마가 번쩍 안아서 양치하러 갈 거야" 하고 행동하면 됩니다. 아들의 장난은 쉽게 화내고, 영향을 받는 사람에게 더 집중됩니다. 이렇게 대응하면 '웃음'이라는 명분으로 상황을 주도하는 아들에게, 휘말리지 않으면서 단단하게 말할 수 있습니다. 이는 아들의 미숙한 말이나 짜증을 대할 때도 응용할 수 있습니다.

아들 : 엄마 미워! 이제 엄마랑 안 놀아! 엄마 때문에 나 너무 속상하잖아!

엄마 : 나도 너 미워! 너만 속상해? 나도 속상해! 나도 너랑 안 놀아!

이런 식으로 말하면 속은 시원하겠지만 이는 엄밀히 말해서 아이를 가르치는 것이 아닙니다. 아들의 미성숙한 대응에 휘말리지 않는 방법은 맞서지 않으면서 가르쳐야 할 것만 가르치는 것입니다.

"에고. 많이 속상해? 엄마는 민준이, 엄청 사랑해. 하지만 이건 알려줄 거야. 다시 배우자."

이런 방식으로 아들이 하는 미숙한 행동의 의미를 정확히 파악하고 내가 가르쳐야 할 것을 명쾌히 하고 있다면, 어떤 행동과 말이 들어와도 더 이상 크게 흔들리지 않고 가르칠 수 있습니다. 결국 이러한 훈육법의 핵심은 '대립하지 않고 가르치는 것'이라고 할 수 있습니다.

★ 민준쌤 한마디

아들은 '장난'이라는 담을 타고 부모의 권위에 도전하기도 해요. '장난에 지나치게 반응하지 않으면서 제지하기'는 아들 키우는 부모들에게 꼭 필요한 행동 양식입니다.

BAD

나도 너 미워!
나도 이제 너랑 안 놀아!
이제 같이 놀자고 하지도 마!

엄마 미워! 엄마 돼지야!
엄마랑 안 놀아!

GREAT

민준이 엄청 속상한 거지?
엄마는 민준이 엄청 사랑해.
너무 사랑해서 이걸 꼭 알려줘야 해.

헉!!

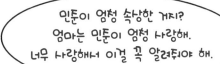

13

꼭 화를 내야만
말을 듣는 아들

화내지 않고 아이를 대하는 법

"선생님, 저희 아들은 그냥 안 들리는 게 아니라 하지 말라면 반대로 하는
아이예요. 허리를 펴라고 하면 누워버리고, 뛰지 말라면 그때부터 뛰어요.
이건 명백한 반항 아닌가요? 제가 어떻게 해야 할지 모르겠습니다."

시그널이 중요한 여성의 소셜만 겪어왔던 엄마에게 아들의 이런 행동은 도무지 이해가지 않는 행동 양상 중 하나입니다. 그러나 아들은 정말 순수한 호기심으로 엄마가 하지 말라는 행동을 한 번 더 해보는 경우가 많습니다. 이걸 하면 엄마가 얼마나 속상해할지를 먼저 생각하는 것이 아니라, 하지 말라는 행동을 하면 어떻게 되는지가 본능적으로 더 궁금하기 때문입니다. 원래 행동에 제약을 받으면 자연스레 그 행동에 욕망이 생기기도 하지만, 이런 행동은 유독 아들에게 주로 나타나는 독특한 양상이기도 합니다. 엄마는 속으로 '내가 이 정도로 화가 나고 힘이 드는데 너는 이걸 꼭 해야겠니? 엄마 표정 보면서 좀 알아서 그만하면 안 되니?' 하는 생각을 하지만, 아들은 '아니, 왜 그렇게 화를 내지?' 혹은 '하지 말라는 건 꼭 안 해야 하나? 혹시 계속하면 어떻게 되나?'라고 생각합니다.

공감능력이 높은 엄마가 살아왔던 세상은 언제나 상대의 기분을 예민하게 파악하고 무리 속 분위기를 잘 파악하는 자가 살아남는 세상이었을 것입니다. 그러다 보니 종종 엄마가 가진 높은 소셜 기술들을 아들에게 요구하는 경우가 발생합니다. 그러나 아들의 세상은 분위기 파악도 중요하지만 '감정'보다는 '이성'을 중요시 생각하고, 그저 더 웃겨야 인정받는 심플하고 즐거운 세상입니다. 이러한 점은 훈육에 중요한 차이를 만듭니다. 엄마는 '분위기 파악 좀 해! 엄마 표정 안 보여?'라는 맥락의 훈육을 진행하는 경우가 많고, 아들은 '하지 말라는 행동을 했는데도 아무 일도 안 일어나네? 히히'라는 맥락으로 생각하는 경우가 많습니다.

이때 우리 마음속에 버려야 하는 생각 중 하나는 '쟤는 왜 말로 해서 안 될까?' 혹은 '말로 하면 알아먹어야 사람 아닌가? 지금까지 내가 배운 공감육아는 왜 저 아이에게 먹히지 않는 걸까?' 등입니다. 특히 이럴 때 "민준이가 엄마 말을 듣고 싶지 않구나"라고 공감하고 있거나 "엄마는 민준이가 엄마 말을 안 들어주니 속상하구나"와 같은 아이(I) 메시지를 쓰고 있다면, '엄마 말을 듣지 않아도 아무런 일이 일어나지 않는다'는 아들의 믿음에 확신만 주는 꼴이 된다는 점을 기억하셔야 합니다. 이 순간은 공감육아가 아니라 분노 없이 행하는 행동육아가 필요한 때입니다.

아이가 자야 할 시간에 엄마의 스마트폰을 몰래 들고 게임을 하고 있다고 가정해보겠습니다. 이럴 때 우리는 가능한 아들이 스스로 조절하기를 바라기 때문에 처음엔 좋은 말로 시작합니다. 그러나 눈치 없는 아들은 엄마의 좋은 말을 '이 정도 분위기면 살짝 더 해도 문제없겠는데?'라며 오해해버립니다. 결국 안타깝게도 엄마에게 "결국 넌 화를 내야 말을 듣지?"라는 말을 듣게 됩니다. 여기서 포인트는 과도하게 '좋은 말'과 '폭발하는 말투'의 간극이 넓을수록 좋지 않은 훈육이라는 것입니다.

엄마 : 아들, 지금은 게임하는 시간이 아니야. 그만해야 해.

아들 : …… . (대답 없음. 못 들은 척)

엄마 : 너 엄마가 분명히 말했어? 그만해.

아들 : …… . (또 못 들은 척)

엄마 : 최민준! 결국 넌 화를 내야 말을 듣지?

이럴 때 필요한 방식은 행동하는 훈육입니다. 위 훈육을 이렇게 바꿔보겠습니다.

엄마 : 아들, 지금은 게임하는 시간이 아니야. 그만해야 해.

아들 : …… . (대답 없음. 못 들은 척)

엄마 : 에고, 민준이 잘 안 들리는구나. (가까이 가서) 잠시 멈추고 엄마 보자.

아들 : …… . (대답 없음. 엄마가 다가오니 살짝 긴장하고 있음.)

엄마 : 한 번 더 보지 않으면 엄마가 셋 세고 도와줄 거야.

아들 : …… . (그래도 대답 없음. 이런 상황이 처음일 경우, '도와주는 게 무슨 뜻이지?'라고 생각함.)

엄마 : 하나, 둘, 셋! (최대한 부드럽고 단호하게 숫자를 세고) 이얍! (손으로 핸드폰을 가린다.)

아들 : 아! 알았다고! 볼게!

엄마 : 자, 엄마 눈 보고 (핸드폰을 멈추고 아이가 엄마의 눈을 보면) 이 판만 하고 꺼야 해. 알겠니?

아들 : 어, 알았어.

이해가 되셨나요? 이해를 돕기 위해 한 가지 상황을 더 들어보겠습니다.

> 엄마 : 민준아. 양치하자.
>
> 아들 : ……. (대답 없음. 못 들은 척)
>
> 엄마 : 민준아. (다소 올라간 톤으로) 너 엄마가 양치하라 말했어!
>
> 아들 : ……. (또 못 들은 척)
>
> 엄마 : 아휴. 말을 들어먹질 않아요.

이렇게 바꿔보겠습니다.

> 엄마 : 민준아. 양치하자.
>
> 아들 : ……. (대답 없음. 못 들은 척)
>
> 엄마 : 에고, 안 들리는구나.
>
> 아들 : ……. (못 들은 척)
>
> 엄마 : 이제 엄마가 셋 세고 도와줄 거야.
>
> 아들 : ……. (또 못 들은 척)
>
> 엄마 : 하나! 둘! 셋! 안 되겠다. 잘 안 되니 엄마가 도와줄게. 이얍! (강제집행)
>
> 아들 : 알았어! 알았다고!
>
> 엄마 : 엄마 눈 보고. 다시.
>
> 아들 : 알았어요. 양치할게요.

이 방식이 반복되면 엄마는 감정적으로 화내진 않지만, 내가 엄마의 말을 듣지 않을 때, 그냥 방치하지 않고 행동하는 사람이라는 것을 알게 됩니다. 아이에게 스스로 알아서 잘하는 옵션은 없습니다. (물론 전설 속에 나오는 유니콘 같은 아들이 종종 있기는 합니다만.) 엄마는 말로만 하지 않고 행동하는 사람이라면 신뢰가 쌓입니다. 반대로 협박과 엄포만 놓고 실제론 행동하지 않는다면 엄마의 권위는 쉽게 추락하게 됩니다.

★ 민준쌤 한마디

공감능력이 늦게 발달하는 아들에게 일방적인 공감육아는 역효과를 일으킵니다. 이럴 때 행동육아가 필요하다는 것을 기억해주세요.

거짓말을 하는
아들

아들의 속내를 파악하는 법

"민준아, 다른 건 몰라도 엄마한테는 항상 솔직해야 돼. 거짓말하면 너 진
짜 나쁜 사람 되는 거야."

거짓말에 유독 민감한 부모님을 볼 때가 종종 있습니다. 물론 거짓
말하는 것을 주의시키는 일은 '사회성' 면에서 중요한 덕목입니다. 초

등학생만 되어도 거짓말을 자주 했다가는 친구들 사이에서 고립되기 충분하기 때문입니다.

부모가 처음으로 아이의 의도적인 거짓말을 목격하게 되면 '이러다 거짓말쟁이가 되겠는데? 한번 크게 혼내서 싹을 뽑아야 하나?'와 같은 생각이 듭니다. 그러나 혼을 낸다고 해서 거짓말을 안 하게 되지는 않습니다. 오히려 어쩔 수 없이 한 충동적인 거짓말을 인정하는 순간, 자신은 정말 못된 사람이 되어버립니다. 그러므로 거짓말을 하면 끝까지 인정하지 않게 되는 경우가 생기기도 합니다. 그래서 역설적으로 '거짓말을 너무 세게 가르치면 정말 거짓말쟁이가 되어버리는' 현상이 일어나는 것입니다. 그러므로 거짓말 교육의 핵심은 '아이에게 나쁜 자아를 심어주지 않으면서 행동만 교정하기'가 되겠습니다. 다음과 같은 정도면 적당합니다.

- 거짓말을 했으니 너는 이제 정말 나쁜 사람이 되었다. (×)
- 민준이가 더 많이 갖고 싶었구나. (욕구 읽어주기)
- 그럴 땐 이렇게 표현하면 되는 거야. (말 교정해주기)

조금 더 구체적인 사안을 보겠습니다. 대부분 아들의 거짓말은 '충동적'으로 이뤄지는 경향이 있습니다. 상대를 속이려고 교묘하고 나쁜 마음으로 하기보다, 자신의 욕구를 즉각적으로 채우기 위해 거짓말을 하는 것입니다. 예를 들어 "나 원래 이거 할 수 있어", "나 이거 옛

날에 다 해봤어" 등의 허세 유형의 거짓말이 그렇습니다. 이런 거짓말은 교정도 중요하지만 그보다 근본적으로 욕구를 채워주려는 노력이 중요합니다. 그렇게 거짓으로 말하지 않아도 욕구를 채울 수 있다는 점을 가르쳐야 합니다. 아이들은 욕구를 손쉽게 충동적으로 채우려다 보니 거짓말을 하게 됩니다. 이럴 때 아이를 과하게 교정하려고 하면 아이는 거짓말을 인정하기보다 자신을 먼저 부정당하는 느낌을 받고 억울해하기도 합니다. 부모는 거짓말을 지적하고 있지만 아이는 엄마가 자신을 공격한다고 착각하기도 합니다. 그러므로 욕구를 읽어주고 불필요한 공격 없이 교정해주는 일을 반복하면 됩니다.

또 하나의 거짓말은 '회피형 거짓말'입니다. 분명 안 씻었는데 씻었다고 거짓말을 하는 경우 역시 당장 씻고 싶지 않은 마음에 회피 행동을 하는 것입니다. 문제는 이런 거짓말을 방치하면 아이들은 어른을 속이는 것이 생각보다 어렵지 않은 일이라는 인식이 생겨버립니다. 그래서 이런 상황이 반복될 땐 아이의 자아를 공격하지 않으면서도 행동을 정확하게 확인하려는 방식이 중요합니다.

아들 : 아, 정말 손 씻었다고!!

엄마 : 너 정말 손 씻었어? 엄마가 확인해!? 확인해서 안 했으면 더 혼날 줄 알아!(×)

엄마 : 손 씻었어? 민준이가 종종 헷갈려 하니까 엄마가 확인해볼게. (○)

거짓말을 교정하겠다는 목표보다 아들에게 "세상은 생각보다 투명한 곳이야. 감추려고 해도 죄는 언젠가는 드러나지"에 초점을 두어 가르치는 것이 좋습니다. 이런 식의 교육은 꽤 오랜 시간의 반복이 필요하기 때문입니다. 보통 이런 상황에서 큰 목소리를 내거나 격한 표현이 일어나는 이유는, 실망감도 있겠지만 문제를 한 번에 해결하고 싶다는 생각 때문입니다.

마지막으로 거짓말을 키우는 환경으로는 '투명하지 않은 가족문화'가 되겠습니다. 예를 들어 회사생활에서도 거짓말이 피어나는 조직을 보면 정보가 투명하지 못하고 특정인이 정보를 쥐고 있는 경우가 많습니다. "야야, 너만 알고 있어. 우리 기획팀에 박대리가…"와 같은 정보가 판을 치는 조직의 특징은 전반적으로 공적인 정보가 투명하지 못하다는 점에 있습니다. 진짜 중요한 정보는 사실상 숨겨지고 있다는 생각이 들면, 직원들은 각각의 루트로 진실을 알아내려는 데 혈안이 됩니다. 루머가 쉽게 퍼지는 조직의 특징입니다.

그러므로 우리는 "민준아, 엄마 몰래 아빠가 현질해줄게. 말하지 마"와 같은 표현을 주의해야 합니다. 이런 대화는 순간적인 즐거움을 주고 특정 양육자와 유대관계를 높일 수 있겠지만, 아들에게 세상은 투명하지 못하며 문제는 언제든 감출 수 있다는 잘못된 인식을 심어줄 수 있습니다.

결국 아이를 잘 가르치기 위해서는 어른들의 문화가 먼저 정리되어야 한다는 결론에 다다르게 됩니다. 투명한 가족문화는 행복한 가정의 중요한 규칙임을 이해하고 삶에 적용해보시길 권합니다.

★ 민준쌤 한마디

"거짓말하면 정말 나쁜 사람이 되는 거야"라고 말하면 돌아올 수 없는 강이 되어버려요. 아들이 언제든 편안하게 거짓말을 인정하고 돌아올 수 있도록 "세상은 생각보다 투명한 곳이야"라고 전해주세요.

아들TV

on air ✓

아들의 자존감을 높이고 싶다면 바꿔야 할 3가지 마인드

우리가 아들들을 대할 때 대표적으로 방향을 잘못 잡는 세 가지 개념에 대해서 한번 이야기해볼까 합니다.

첫째, 아들들은 승부욕이 강합니다. 게임을 하다가도 지면 막 짜증을 내요. 스트레스 풀려고 게임을 하다가 오히려 스트레스가 막 쌓이는 거죠. 보드게임을 하다가 질 것 같으면 그 결과를 받아들이지 못하고, 규칙을 바꿔서라도 이기려고 하는 아이도 있어요. 이런 아들을 보면 어떤 생각이 드나요? "이기는 게 중요한 게 아니야. 이기려고만 해선 안 돼"라고 타이르기 쉽습니다. 승부욕을 다루는 방법을 알려주기보다는 승부욕 자체를 자제시키려는 것이지요. 승부욕을 느끼는 것은 정당한 것입니다. 이런 것을 부정해버리면 아이들이 무언가를 배우기가 어렵습니다. '내가 느끼는 마음이 잘못된 건가? 이기고 싶어 하는 게 잘못된 거야?' 이런 생각을 하게 해서는 안 됩니다. 우리는 이걸 좀 구분해서 가르쳐야 됩니다. 승부욕을 느끼는 건 자연스러운 것이고 당연한 감정이라고 인정해준 다음 승리를 쟁취하는 것은 멋진 일이지만, 승리하고 싶은 마음에 상대를 공격하거나를 규칙을 바꾸는 행동은 주의해야 된다고 구분해서 가르쳐줄 필요가 있습니다.

승부욕을 잘 다스릴 수 있는 아이로 자라게끔 만드는 게 포인트이지, 그 자체를 부정적으로 보게 만드는 것은 잘못된 접근입니다. 아이에게 이렇게 말해주세요.

"그래, 네가 느끼는 승부욕은 정당해. 하지만 승부욕 때문에 화내면 안 돼."

둘째, 아들들은 공격적인 놀이를 너무 좋아합니다. 정말 많은 아이들이 싸움놀이를 좋아하거나 동경합니다. 어른들은 그 원인을 남자아이들이 어려서부터 폭력적인 미디어를 많이 접하기 때문이라고 생각하는 경우가 많습니다. 그러나 아들들은 그냥 태어날 때부터 싸움놀이에 조금 끌리는 본능이 있을 뿐이에요. 이런 점을 인정해야 아들을 바르게 바라볼 수 있습니다. 아이가 태어나서 싸움놀이를 하고 만들어놓은 블록 장난감을 부수는 것은 거기서 즐거움을 느끼는 기질이 있기 때문이에요.

어머니들은 아들이 좀 얌전하고 평화롭게 놀았으면 좋겠는데, 우리 아들은 예쁘게 놀지 않습니다. 이런 모습을 보는 어머니들은 "이러면 장난감이 아프지 않을까? 사이좋게 지내야지"라고 말합니다. 아마 대부분 이렇게 반응하실 거예요. 그런데 이런 엄마를 보며 아들은 '아, 엄마는 이런 걸 싫어하는구나'라고 생각하며 자신의 모습을 숨기기 시작합니다. 이때부터 우리 아들들은 '이중자아'로 살아갑니다. 어머니 앞에서의 모습과 친구들 앞에서 보이는 모습의 괴리가 깊어질수록 아이를 가르치는 것은 점점 어려워집니다.

사람에게는 교육으로 가르칠 수 없는 영역이 존재합니다. 그것을 우리는 '정체성'이라고 부릅니다. 이 아이가 선택한 것이 아니라 원래 타고난 것들, 기질이나 성별, 유전적으로 보이는 정보들은 고치려고 하기보다는 인정해주는 자세가 필요합니다. 그렇다고 아이가 누구를 때리거나 해코지하는 것을 인정해주라는 말은 아닙니다. 공격적인 놀이를 하는 것과 공격적인 행동은 구분해야 합니다. 이런 것을 모두 뭉뚱그려 비판해서는 안 됩니다.

셋째, 열등감에 대해 이야기해볼까 합니다. 아들이 그림을 그리는데 생각처럼 되지 않을 때가 있습니다. 그럼 어떻게 합니까? 마구 짜증을 냅니다. 어떤 때는 짜증을 내다가 울기도 해요. 이런 모습을 본 어머니들은 어떻게 하시나요? 대부분 그런 식으로 그릴 거면 하지 말라고 합니다. 짜증을 내는 아들보다 더 크게 짜증을 내며, 짜증을 짜증으로 눌러버리는 것입니다. 짜증이 날 때는 이를 조절하는 경험을 해봐야 자신의 감정을 조절할 수 있게 됩니다. 그런데 이 아이는 짜증을 누르기 위해 외부에서 더 큰 자극을 찾게 됩니다. 어떤 아이는 짜증이 나면 자기 머리를 때려요. 벽을 치는 아이도 있습니다. 누군가를 위협하려는 게 아니라 자신이 벽을 칠 때 느껴지는 통증과 감각으로 미성숙한 감정을 누르려는 기제가 생기는 거예요.

아들의 짜증은 상당 부분 열등감에서 비롯된다는 것을 기억해야 합니다. 내가 생각했던 이상적인 나와 실제 나 사이의 차이 때문에 자꾸 짜증이 나는 거예요. 사람은 열등감을 느끼지 않으면 발전하지 않습니다.

아이가 태어나면 처음에 기기 시작합니다. 그러다가 걷고 싶다는 생각을 하지요. '엄마는 저렇게 높은 곳에 손이 닿네. 나도 해보고 싶다.' 이렇게 열망하고 열등감을 느껴야 도전하게 되는 거예요. 아이가 "엄마, 기어다니는 삶도 그렇게 나쁘진 않은데 나는 평생 이렇게 살면 안 될까?" 이렇게 말한다고 생각해보세요.

아들의 어떤 부분을 조절해주려고 할 때 중요한 것은 아이가 느끼는 감정보다는 '그 감정을 어떤 맥락으로 바라보고 도와줄 것인가' 하는 해석입니다. 우리 아들 행동의 맥락을 파악하고, 올바로 바라볼 수 있기를 바랍니다.

엄마는 언제나 너를 진지하게 대할 거야.

CHAPTER 3.

사회성

나 자신을 그대로 수용하면서도 사회의 규칙을 받아들이고 자기조절력을 키울 수 있을 때, 아이는 건강한 어른으로 성장할 수 있습니다.

동생과
매일 싸우는 아들

··

형제지간 감정의 골이 쌓이지 않게 하는 법

형제들은 평소에 참 많이도 싸웁니다. 싸우는 이유도 다양합니다. 부모는 형제를 키울 때 부모의 사랑 때문에 서로가 싸우는 것이라 생각하지만, 실제로는 '소유권 분쟁' 때문에 싸우는 일이 더 많습니다.

　형제 문제를 오랫동안 지켜보면서 알게 된 바는, 예전과 다르게 형에게 당하는 동생보다 동생 때문에 힘든 형이 많아지고 있다는 점입니다. 이 형들의 공통점은 온 동네 아이들한테는 착한데 유독 단 한 명, 내 동생한테만 너그럽지 못한 경우가 많습니다. 평소에 다른 아이가 자기 물건을 만지면 괜찮은데, 동생이 자기 물건을 만지면 불같이 화를 내기도 합니다.

"내 건데, 왜 만지냐고! 하지 마!"

불같이 화를 내는 형을 보며 우리는 어떤 말을 해야 할까요? 대부분 이렇게 대응하는 경우가 많습니다.

"형 물건 만지지 말랬지! 근데 동생이 만진 거잖아. 형이니까 너도 좀 이해하고."

양쪽 다 책임이 있다고 생각하고 가르칠수록 형은 가슴속에 동생에 대한 감정이 쌓여갑니다. 형 입장에서 동생에게 유독 너그럽지 못한 이유는 평소에 해결되지 않은 감정들이 켜켜이 쌓였기 때문입니다. 어떤 때는 갈등이 하도 많이 생기니 크게 싸우기 전까지는 아이들을 그대로 두는 경우도 많습니다. 나름 문제해결 능력을 기르기 위한 방편이라 생각하겠지만, 현장을 보면 문제해결이 아니라 '가슴에 한을 쌓는 시간'이 되기 쉽습니다.

형제 코칭에서 가장 중요한 영역은 감정의 골이 쌓이지 않게 하는 것에 있습니다. 특히 이런 이야기를 줄여 나가야 합니다.

"동생이 어디서 형 것을!"
"너는 형이 돼서 꼭 동생 물건을!"

이렇게 아이들의 문제를 객관적으로 판단해주지 않고, 형제라는 이유로 상황을 정리하려는 것을 아이들은 이해하지 못합니다. 사실 아이들에게 가장 가르치기 어려운 것 중 하나가 "너희들 사이좋게 놀아라"라는 말입니다. 갈등이 생길 때마다 '억울해도 네가 좀 참아라'라는 말 정도로 들릴 것입니다. 그래서 형제를 키울 땐 조금 더 세세하고 명확하게 상황을 정리해주는 습관이 필요합니다. 형제가 싸울 땐 어른이 개입해서 문제를 적극적으로 해결해줘야 합니다. 단순히 해결해주는 것이 아니라, 서로 다른 사람이 둘 이상 있을 때 반드시 합의된 규칙이 있어야 하고 그것에 따라야 갈등이 없다는 것을 알려줘야 합니다. 예를 들어 보겠습니다. 동생이 들고 있던 물건을 형이 빼앗았다고 가정해보겠습니다.

엄마 : 너 왜 동생 거 빼앗니?
아들 : 이거 원래 내 거거든? 쟤가 지 맘대로 가져간 거거든?

중재를 시작하자마자 꼬입니다. 아이들 각자의 논리가 있고 자신의 논리가 맞다는 생각을 갖고 있을 때 가장 어렵습니다. 어린 나이일수록 역지사지가 어려우며 자신이 한번 옳다고 믿으면 그걸 끝까지 밀어붙이는 경우가 많기 때문입니다. 형은 이렇게 생각할 것입니다.

'이건 원래 내 거야. 허락 없이 만진 동생이 잘못한 거야.'

이 논리에 빠지면 어떤 이야기도 들리지 않습니다. 반대로 동생은 나름의 논리가 있습니다.

'내가 들고 있는데 형이 빼앗았어. 형은 나빠.'

자신도 나름의 논리가 있기 때문에 형 말은 절대 들리지 않습니다. 이때 가장 하지 말아야 하는 말의 유형은 이렇습니다.

"너희들! 엄마가 이거 싸우라고 사줬어? 둘 다 가져와. 둘 다 못 가지고 놀아. 알았어?!"

이런 대처는 문제가 생겨도 부모나 어른에게 말하지 않고 우리끼리 해결하는 편이 낫겠다는 인식을 낳습니다. 그래서 많은 형들이 처음엔 피해자처럼 부모에게 이르다가, 무력으로 동생 것을 빼앗거나 공격적으로 굴기 시작합니다. 어른들의 해결을 기대하지 않는 것입니다. 저는 이런 상황을 '사법체제가 무너진 나라에서 사는 국민들'로 비유하고는 합니다. 내가 물건을 빼앗겨서 억울하다고 경찰에게 신고했는데 고작 한다는 말이 "싸우지 않으실 때까지 경찰서에서 압수합니다!" 정도의 말을 들은 것입니다. 이럴 때 이렇게 큰 소리로 외쳐보시면 좋겠습니다.

> "원래 네 건데 동생이 마음대로 만져서 지금 많이 억울하지? 엄마가 네 마음 다 알아. 너 절대 억울한 일 없게 해줄 거야."
> "잘 들고 있다가 형에게 빼앗겨서 기분 되게 속상하지? 엄마가 그 마음 알아. 너도 억울하지 않게 해줄 거야. 알겠어?"

아이들은 이제야 엄마를 바라볼 것입니다. 아이들 입장에선 '드디어 말이 좀 통하는 사람이 왔네' 하는 느낌입니다. 일단 첫 문장은 아이들에게 해결이 될 것이라는 기대감을 불러일으켜야 대화가 됩니다. '내가 옳다'며 꽉 찬 머릿속을 비우고 방어기제를 내려놓게 만드는 마법의 말은 "맞아. 네가 옳다"입니다. 만일 행동이 옳지 못했다면, "맞아, 네 감정은 옳아! 정당해"라고 하시면 됩니다. 먼저 인정해주지 않으면 아들의 방어기제는 하늘 높이 올라가게 됩니다. "엄마는 맨날 동생 편만 들고!" 이런 이야기를 듣지 않는 가장 좋은 노하우가 바로 "그래! 네가 옳아"로 대화를 시작하는 것입니다. 여기까지 되었다면 차분하게 이렇게 정리해보면 좋겠습니다.

> "자. 엄마 봐. 지금은 둘 다 맞는 상황이야. 형은 원래 자기 것이라 속상하고 동생은 들고 있다가 확 빼앗겨서 속상한 거야. 이럴 땐 규칙이 중요해.

우리 집 규칙은 뭐지? 우리 집은 먼저 들고 있는 사람 거 빼앗지 않는 게 규칙이야. 알겠니? 누가 먼저 들고 있었어? 동생이야? 그럼 빨리 갖고 놀고 시곗바늘 6에 오면 형 돌려줘. 형은 다른 거 하고 놀다가 딱 30분 지나면 동생한테 받아. 그때도 안 주면 엄마한테 바로 말해. 알겠니?"

놀랍게도 이런 대처를 해주고 나면 아이들은 높은 확률로 들고 있던 장난감을 형에게 인계합니다. 그들에게 중요한 것은 장난감이 아니라, '정의'였기 때문입니다. 내가 틀리지 않았다는 것을 인정받는 것이 중요한 것입니다.

장난감을 가지고 노는 것이 '진짜 욕구'가 아닙니다. 실제로 현장에서 이런 사건을 보면 평소엔 가지고 놀지도 않던 장난감을 먼저 한 명이 잡으면서 생기는 문제가 대부분입니다.

다시 한 번 정리해보자면, 아이들은 그냥 사이좋게 노는 것을 배우기가 쉽지 않습니다. 그보다는 "서로 다른 사람 둘 이상이 모이면 반드시 합의된 규칙이 있어야 해"라는 점을 가르치는 편이 좋습니다. 이것이 앞으로 다양한 사람들과 많은 갈등을 겪어가게 될 아들들이 배워야 하는 첫 번째 사회성 훈련이 됩니다.

형제지간 감정의 골이 쌓이지 않게 하기 위해서는 집안에서도 합의된 규칙이 있어야 한다는 점을 알려줘야 합니다. '형'이기 때문에, '동생'이기 때문에 이래야 한다는 말은 갈등을 증폭시킬 수 있습니다.

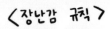

〈 장난감 규칙 〉

1. 남의 물건 쓸땐
   허락 구하기

2. 먼저 쓰고 있는 건
   뺏지 않기

* 어길 시 강제 집행 됨.

가내 규칙에 의거해
억울하신 분 없게 해드릴 겁니다.

부모와
전투적으로 대립하는
아들

아들과의 대립을 줄이는 법

갑자기 뭔 소리야?!

"최민준! 너 엄마가 하지 말랬어?!"

우리는 왜 아들을 가르치다 번번이 휘말리고 마는 걸까요? 여러 가지 이유가 있겠지만 가장 중요한 이유는 아이를 잘 가르치기 위해서 '아이와의 대립'을 선택하기 때문입니다.

물론 어머님들의 마음도 십분 이해가 갑니다. 아들을 키우는 어머님들과 상담하다 보면 종종 거대한 벽과 이야기하는 기분이 든다고 말씀하십니다. 얼마나 힘이 드십니까? 하지만 아이와 대립하는 순간 아무것도 가르치지 못하게 될 가능성이 높습니다.

　아이와의 전쟁이 한번 시작되면 아이에게 이겨도 이긴 것이 아니고, 지면 돌이키기 힘든 부모의 권위 하락으로 이어지게 됩니다. 아들과 이미 극심히 대립하거나 대립 초기에 있는 분들께 "대립해선 안 됩니다"라고 강경하게 말씀드리면, "그럼 제가 멈춰야 하나요?"라고 되묻습니다. 둘 다 아닙니다. 대립하지 않으면서 가르치는 것이 중요합니다. 남자아이들은 태생적으로 승부욕이 강합니다. 대립해서 아들을 가르치는 데 성공했다면 그것은 교육이 아니라 '굴복'이었을 것입니다. 부모는 가르쳤다 표현하지만 아들은 힘이 없어서 부모에게 졌다고 생각할지도 모릅니다. 아들은 선천적으로 서열 논리에 빠지기 쉬운 뇌구조를 가지고 있다는 점을 잊지 마셔야 합니다.

　대립하지 않고 가르치기 위해선 즉흥적인 통제를 줄여가야 합니다. 즉흥적인 통제의 의미는 부모가 곧 규칙이 되는 것을 의미하기 때문입니다. "너 엄마가 하지 말랬어. 엄마 또 열받게 하지 마!"라는 말은 대표적으로 대립을 부르는 말입니다. 부모는 훈육을 하고 있다고 생각하지만 아들은 억압받고 있다고 생각합니다. 규칙을 가르치기 위해선 다음과 같은 말이 필요합니다.

"우리가 함께 세운 규칙은 오늘 게임은 3시부터 5시까지 하는 거였지? 규칙에 절대 지지 않도록 노력하자. 파이팅!"

부모와 자식 간에 '대립하는 것'과 '함께 세운 규칙을 자기조절을 통해 달성하도록 돕는 일'은 차이가 있습니다. 전자는 부모가 곧 규칙이고, 후자는 함께 세운 규칙에 대해 부모가 알려주는 전달자 역할입니다.

이게 어떤 차이가 있냐고요? 회사생활을 한번 떠올려보세요. 어떤 상사가 계속 새로운 규칙을 만들어가며 지키기를 강요하면, 대번에 부당하다는 느낌이 들 것입니다. 반면 회사 규정에 명시되어 있는, 모두가 함께 지키는 규칙에 대해 설명해주는 것에는 분명 차이가 있습니다. 우리는 아들을 통제하려 해서는 안 됩니다. 통제하려 하면 할수록 대립하게 되기 때문입니다. 우리는 아들을 통제하는 것이 아닌, 아들과 함께 소속된 가정의 규칙과 문화를 만들어가기 위해 노력해야 합니다.

> ★ 민준쌤 한마디
>
> 즉흥적인 통제는 줄이면 줄일수록 좋습니다. 아들이 규칙을 따르며, 자기조절을 할 수 있는 힘을 키울 수 있도록 도와주세요.

김대리 다음 주 출장 가능한가요?

앗. 저 다음 주는 휴가라 어려울 것 같습니다.

아니. 휴가는 적어도 보름 전엔 얘기해줘야지!

갑자기 뭔 소리야?!

? ...

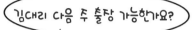
김대리 다음 주 출장 가능한가요?

앗. 저 다음 주는 휴가라 어려울 것 같습니다.

우리 회사는 출장이 많아서 2주 전에 연차를 내는 게 규칙이에요. 여기 나와 있죠?

다음부터는 주의하겠습니다.

부정적 감정을
처리하지 못하는 아들

자기 마음을 왜곡하지 않고 받아들이는 법

아이들을 4명이나 태울 수 있는 대형 웨건을 구매한 적이 있습니다. 구매 기념으로 자녀들과 동네 아이들을 태우고 동네를 돌다 보니, 어느새 아이들이 더욱 세게 밀어달라고 요구하기 시작했습니다. 저는 웨건을 '지옥행 급행열차'라 이름 붙이고, 내리막길을 달리며 신나게 놀아주기 시작했습니다. 몸에 비 오듯 땀이 날 무렵 "이게 마지막 바퀴야" 하고 내려주려 하니, 남자아이 중 하나가 "아, 정말 재미없어. 나 원래 이거 타기 싫었어"라고 말하며 내렸습니다. 종종 이런 일이 있습니다. 아이들은 자신의 마음과는 전혀 상관없이 관계를 망치는 말을 하곤 합니다. 이럴 땐 어떻게 반응해야 할까요?

"민준아. 재미없었어? 그럼 지금까지 왜 탔어? 넌 이따가 다른 애들 탈 때 타지 마. 재미없었다고 하니까."

이렇게 말해서 아이를 깨닫게 만들어주고 싶은 마음이 굴뚝같겠지만, 이건 가르침보다는 응징에 가깝습니다.

아들을 키우는 부모라면 아들이 던지는 '불필요한 말'에 대해 관심을 가져야 합니다. 상대적으로 공감능력이 높고 사회적 민감도가 높은 딸들과 다르게, (물론 그렇지 않은 딸들도 있습니다.) 아들은 자신의 의지와 상관없이 상대를 불편하게 하는 말을 하곤 합니다. 이런 말을 들을 때마다 뜯어고치겠다며 화를 내거나 응징한다면, 아들과 사이만 악화될 뿐입니다. 이는 아들이 커서도 마찬가지입니다. 뇌과학자들은 여성에 비해 남성이 감정처리 능력이 늦다고 주장합니다. 자신의 감정을 바르게 읽지 못하고 상대의 감정을 읽는 능력도 부족해서, 결과적으로 사회성이 낮아 보이는 불필요한 말들을 많이 던진다고 볼 수 있습니다.

심리학에선 위와 같은 말을 '반동형성'이라고 합니다. 방어기제의 일종으로 내 마음을 조절하기 위해 일부러 반대되는 말을 하는 것을 의미합니다. 함께 웨건을 타는 게 너무 재미있는데 탈 수 없게 되니까 내 마음과 욕구를 조절하기 위해 "사실은 재미없었어!"와 같은 말을 던지는 것입니다. 문제는 상대방을 전혀 고려하지 않아 이런 말들이 관계를 깨뜨릴 수 있다는 점입니다. 처음에는 자신의 마음을 조절하기 위해 시작하겠지만, 어느새 조금 더 강해 보이기 위해서, 혹은 상대방과의 관계를 주도하기 위해서와 같은 이유로 '나쁜 말 습관'이 되기도 합니다.

그럼 이를 목격했을 때 올바른 코칭법은 무엇일까요? 이럴 땐 아들의 왜곡된 표현을 진술한 표현으로 수정해줄 필요가 있습니다.

"민준아, 너무 타고 싶은데 못 타게 되서 실망스러웠어? 그럴 땐 너무 아쉽다고 표현하는 거야."

이런 식의 대화를 통해 아들은 자기 마음을 왜곡하지 않고 받아들이는 방법과 부정적인 감정을 바르게 처리하는 방법을 배우게 됩니다. 물론 이런 식으로 말해준다고 아이가 단박에 변하지는 않습니다. 아이를 공격하지 않으면서, 아이에게 바른 표현을 여러 번 나누어서 가르쳐줘야 합니다. 문제를 바로 뜯어고치려고 하면 불필요한 말과 감정을 쏟아붓게 됩니다. 이럴 때 아이는 수긍하기보다는, '아니, 왜 자기도 화를 내면서 나한테 나쁜 말을 하지 말라고 하지? 이해가 안 되네' 하는 마음만 낳을 뿐입니다.

> ★ 민준쌤 한마디
>
> 아들을 바르게 가르치기 위해선 무엇보다 아들의 말에 휘둘리지 않으면서 가르치는 것이 중요합니다.

18

짜증을
자주 내는 아들

열등감과 괴리감에 매몰되지 않는 법

한 어머님이 아들이 너무 사소한 것으로 짜증을 낸다며 하소연하셨습니다. 일상의 문제들을 영상으로 보여주셨는데, 영상 속 아이는 레고를 하다 잘 안 되니까 온갖 짜증을 내며 울고 있었습니다. 사실 이런 일은 육아를 하다 보면 아주 흔한 문제입니다. 문제는 적당한 짜증이 아니라 한번 이렇게 울면 한두 시간은 기본으로 울어버린다는 점이었습니다. 일 년 내내 육아 책에서 보고 배운 대로 아이가 짜증을 내면 스스로 조절할 때까지 기다리고 있는데, 아무리 시간이 지나도 나아지지 않는다고 합니다. 변화가 없는 이유는 간단합니다. 지금 아이가 부리는 짜증은 '부모를 통제하기 위한 의도가 있는 짜증'이 아니라 순수하게 '자기 자신에 대한 짜증'이기 때문입니다.

먼저 남자아이들의 짜증 양상을 살펴보도록 하겠습니다. 짜증은 인간 모두에게 있지만 남자아이들의 짜증은 특유의 허세와 연관이 많습니다. 자기 생각만큼 무엇이 잘 안 되는 것입니다. 스스로 생각하기에 자신은 더 멋지고 능력 있는 사람인데, 현실에서는 그게 아닐 때 다양한 방식으로 힘들어합니다. 어떤 아이는 타인을 비난해 자신을 높이려는 미숙한 전략을 쓰기도 하고, 어떤 아이는 자신의 머리를 때리기도 합니다. 관찰해본 바 이럴 때 가장 보편적인 대응은 이렇습니다.

"그런 식으로 짜증 낼 거면 하지를 마! 왜 짜증을 내면서 레고는 하는데!?"

짜증을 짜증으로 누르는 전략입니다. 부모가 이렇게 빽 소리치고 나면 속이 시원하고 어떤 경우에는 아이의 짜증이 가라앉기도 합니다. 문제는 이런 방식은 자신의 감정을 스스로 다루는 경험이 아니라, 타인에 의해 억지로 누른 것이라는 점입니다. 이런 방식에 익숙해진 아이들은 성인이 되어도 짜증이 올라오면, 인지하고 조절하기보다 더 큰 외부 자극을 만들어 조절합니다. 예를 들어 짜증이 나면 벽을 치거나 머리를 쳐야 조절이 되는 것입니다. 엄마가 아이의 짜증보다 더 큰 소리로 아이의 짜증을 누르고 환기시키는 것에 아이가 익숙해지면 안 됩니다. 그랬다가는 성인이 된 이후, 짜증이 날 때마다 새로운 자극이 필요할지도 모릅니다.

이런 방식의 또 다른 문제는 '짜증의 전염'입니다. 아이의 짜증을 다루기 위해선 짜증에 쉽게 전염되지 않아야 합니다. 아들의 짜증은 엄마에게 쉽게 전염됩니다. 엄마의 짜증은 아빠에게 전염됩니다. '왜 이렇게 짜증을 내지? 짜증을 뿌리 뽑아버려야지!' 하는 입장으로 접근하면 매번 화가 나고 덩달아 짜증이 납니다. 이럴 때 아들에게 짜증을 다루는 방법을 가르치겠다는 입장으로 접근해보면 좋겠습니다. 아이의 평생 '짜증을 대하는 자세'를 가르친다는 느낌으로 접근하면 훨씬 유익하게 느껴지고 여유가 생깁니다. 이를 통해 아들에게 든든한 기술이 하나 생기는 것입니다.

인간은 어른이 되어서도 자신이 원하는 자신의 모습과 실제 모습 사이에서 괴리감을 느낍니다. 특히 이상이 높고 성취욕이 강한 남자 아이들의 경우엔 더 그렇습니다. 우리는 어린 아들에게 아이 인생에 찾아온 열등감과 짜증에 매몰되지 않고 잘 다루는 방법을 가르쳐줘야 합니다. 자신의 감정에 갇힌 아이를 방치하면 짜증이 습관이 되기도 합니다. 혹은 자신이 짜증냈던 사실은 잊고 엄마가 자신에게 성질 부리고 짜증 낸 것만 기억에 남기도 합니다.

그럼 지금부터 짜증에 빠진 아들을 만나보겠습니다. 짜증이 난 아이들을 현장에서 보면 갇혀 있거나 닫혀 있다는 느낌을 받습니다. 자기의 감정에 완전히 매몰되어 그 외의 세상이 전혀 눈에 들어오지 않는 듯합니다. 이럴 때 아이는 다른 것에는 관심이 없고, 오로지 자신의 감정에만 빠져 있습니다. 아이가 어딘가 갇혀 있다면 해법은 간단합니다. 자신의 세상을 멈추고 세상으로 나오도록 돕는 것입니다. 이 방법은 앞서 언급한 아이의 분노조절을 다루는 방법과 유사합니다. 아이가 짜증에 너무 깊이 빠져 있으면 방치하지 말고 아이를 번쩍 안은 후, 잠시 짜증을 내는 매개체와 떨어지게 하거나 환기가 되는 공간으로 이동시켜주세요. 그리고 엄마나 아빠의 눈을 볼 수 있도록 도와주는 것만으로도 아이는 훨씬 좋아집니다.

"민준아, 많이 짜증 나지? 엄마도 알아. 하지만 진정하고 나와야 해. 엄마 눈 보자."

만일 이렇게 해도 진정되지 않는다면 아이의 몸을 끌어안고 토닥이면서 "민준아, 조금 더 짜증 내도 돼. 더 내고 다 되면 엄마한테 말해주렴." 이렇게 말해주는 것도 좋습니다.

정리하자면 첫째, '스스로 진정할 수 있도록 돕는다', 둘째, '아이를 공격하거나 대립하지 않고 가르친다'. 셋째, '스스로 나오라고 방치하지 않고 환기할 수 있는 자극과 힌트를 준다'가 되겠습니다. 중요한 점은 아이가 짜증을 낼 때 나도 함께 짜증 내며 패닉에 빠지거나 방치하지 않는 것입니다.

부모가 이런 방법을 알았을 때의 이점은 짜증에 빠진 아이를 보며 더 이상 무력감을 느끼지 않는다는 것입니다. 내 아이가 힘들어하는데 아무것도 돕지 못한다는 생각은 부모의 마음을 무기력하고 우울하게 합니다. 앞으로는 "쟤는 왜 이렇게 짜증을 내지?"라고 반응하지 말고, '우리 아이가 짜증에서 탈출하는 방법을 모르는 거구나'라고 생각해봅니다. 짜증 패닉을 탈출시켜주는 경험을 반복해서 시켜주고 나면, 아이는 물론이거니와 양육자에게도 '효능감'을 줍니다. 시간이 지나 문제가 해결되는 기미가 보인다면, 우리는 대체로 어려운 육아도 충분히 해낼 힘이 생깁니다.

★ 민준쌤 한마디

아이의 짜증이 엄마의 짜증이 되어서는 안 됩니다. 아이에게 짜증 패닉 탈출 방법을 전수해주세요.

아이가 짜증 난 감정에 휩싸인 상태

주변 상황이 안 보이고 갇혀 있는 상태

엄마가 더 큰 짜증으로 누를 경우

도와달라는
말을 못하는 아들

세상에 대한 믿음을 심어주는 법

남자아이들이 보이는 특성 중 한 가지는 문제를 공유하지 않는다는 것입니다. '문제를 말하면 엄마가 혼내니까', '자꾸 참견하려고 하니까' 등 다양한 이유로 아들은 자신의 문제를 스스로 해결하려고 합니다. 특히 놀이터나 학교에서 생긴 친구 간의 다툼을 중재할 때 문제가 발생합니다. 부모에게 문제를 제대로 공유하지 않을뿐더러, 뭐라 하는지 도무지 알아들을 수가 없기 때문입니다.

> 아들 : 아니, 쟤가 먼저 놀렸다고! 어우~ 씨!
> 엄마 : 도대체 뭐라 말하는 거야? 정확히 말해봐!
> 아들 : 아니! 쟤가 먼저 그래서 나도 그런 거라고!
> 엄마 : 아니 그렇게 말하면 엄마가 어떻게 알아?!

이때 옆에 있는 똘똘한 목격자가 등장합니다.

"아니, 쟤가 먼저 얘를 놀렸고요. 놀리지 말라고 말했는데도 쟤가 또 놀려서 쫓아가서 한 대 때렸어요. 그런데 쟤가 우는 거예요."

그나마 이 정도 설명하는 아들은 양반입니다. 상당수의 아들은 엄마가 문제를 목격하지 않으면 제대로 설명하지도 않습니다. 내 아들 소식을 종종 다른 이에게 전해들을 때, '내가 정말 이 녀석에 대해 잘 알고 있는 게 맞나?' 하는 의문이 듭니다.

더욱이 사춘기가 되면 조용히 문을 굳게 닫는 방식으로 자신의 문제를 꽁꽁 감춰버립니다. 아들은 대개 '의존하지 않고 자신의 문제를 해결해야 멋진 남성이라 생각하는 경향'이 있습니다. 그래서 그런지 남자아이들은 초등학교 고학년만 돼도 엄마에 대한 양가감정이 생깁니다. 엄마를 너무 사랑하지만 유독 엄마 말만 듣지를 않습니다. 엄마는 너무 편안한 안식처이고 상상만 해도 따뜻한 존재이지만, 반대로 반드시 벗어나야 하는 존재이기도 한 것입니다.

무언가를 혼자 해보려는 성향은 귀합니다. 그래서 아이가 자신의 수준에 맞는 일이 아니더라도 혼자 해보고 싶어 할 때는 충분히 기다리는 편이 좋습니다. 부모들은 아이가 문제에 직면할 때마다 하나하나 설명하며 도와주려고 하는 경우가 많습니다. 하지만 아들들은 대체로 '설명'보다는 '경험'을 통해 배우는 편입니다. 그러므로 조금 기다린 후 짧게 설명하는 것이 좋습니다. 한편, 여성성이 높은 아이들은 다릅니다. 조금 더 자세한 설명이 필요합니다. 그래서 이런 말이 있습니다.

'얼마나 많은 여자아이들이 아빠의 무신경한 대답으로 인해 엄마에게 한 번 더 묻고 있으며, 얼마나 많은 아들들이 엄마의 지나친 설명으로 인해 수많은 실험과 탐구의 기회를 빼앗기고 있는가?'

아들의 성향을 존중하는 한편, 반드시 문제가 있을 때 도움을 요청하는 연습을 평소에 해두는 것은 의미가 있습니다. 예를 들어 아주 어린아이일 때 얻고 싶은 것을 달라며 울고 떼쓰는 아이에게 "주세요"라는 바른 표현을 알려주면, 원하는 것을 얻는 경험을 할 수 있습니다. 가게에서 포크나 수저 등을 스스로 요청하고, 얻는 경험을 하게 해주는 것도 좋습니다. 처음 본 타인에게 무언가를 예의 바르게 요청하고 받는 경험은 생각보다 귀합니다. 이를 통해 '바르게 도움을 요청하면 세상은 널 도와줄 사람으로 가득 차 있어'라는 메시지를 꾸준히 알려

쥐야 합니다. 어려서부터 이러한 경험을 한 아이와 그렇지 못한 아이는 차이가 크기 마련입니다. 행여 "어, 미안하구나. 포크가 없네?"라는 말을 듣더라도, 아이에게 "민준아, 포크가 없지만 용기 내어서 필요한 걸 요청한 건 정말 잘한 일이야"라고 말해주면 됩니다.

날이 갈수록 '널 건드리는 사람들은 내가 용서하지 않아!'라는 메시지를 가르치는 부모님들이 늘어나고 있습니다. 보호 감정이 과해져 세상과 사람에 대한 불신을 가르치는 일은 좋지 않습니다. 아이들에게는 안전교육과 별개로 세상은 신뢰하고 의지할 만한 곳이라는 것을 알려줘야 하기 때문입니다.

종종 어른과 상의하면 쉽게 풀릴 문제를, 혼자 끙끙 앓으면서 살아가는 아이들을 보면 안타까운 마음이 듭니다. 도움을 요청하면 도와줄 사람 천지인데 도와달라는 말 한마디를 하지 못해 끼니를 굶거나 열악한 상황에 빠져 있는 아이들을 보면 속이 상합니다. 사실 저도 어린 시절, 어른들에게 도와달라는 말 한마디를 못해 혼자 족발집 스티커를 뿌리는 아르바이트를 해 생활비를 마련하던 시절이 있었습니다. 도와달라는 말을 하는 것이 나의 문제를 인정하는 것 같아서 혼자 사업을 벌였다가 끙끙 앓았던 적도 있습니다.

지금 생각하면 고개를 들어 "저기요. 너무 힘들어요. 도와주세요. 어떻게 해야 하나요?"라고 말하면 될 일이었는데, 사회의 복지 시스템은 물론 주변의 많은 어른들이 기꺼이 도와줄 수 있었을 텐데 그 한마디를 못해 안타까운 상황에 처한 것이었지요. 과거의 저 같은 아이들을 만나는 일은 너무 안타까운 일입니다. 아마도 그 아이는 몇 번의 경험을 통해 도움을 요청해도 아무도 도와주지 않을 거라는 판단을 했을 것입니다. 우리는 아이들에게 정말로 힘들 때 고개를 들어 주변에 도움을 요청하면, 누군가는 너를 도울 것이라는 믿음을 심어줘야 합니다. 세상이 믿을 수 있는 곳이라는 생각은 말보다는 경험을 통해 얻어지기 때문입니다.

> ★ 민준쌤 한마디
>
> 문제가 있을 때는 반드시 도움을 요청할 수 있어야 합니다. 어린 아들에게 세상에 대한 불신보다는 신뢰를 심어줘야 하는 이유입니다.

20

엄마의 말에 매번
억울해하는 아들

··

마음은 인정하고 행동은 통제하는 법

"아니! 그게 아니라! 아 진짜!"

아들이 가장 많이 하는 말 중 하나입니다. 웬일인지 아들들은 억
울함이 많습니다. 언어가 느린 탓에 자신을 변호하지 못해서 답답함
이 쌓여 그럴 때도 있고, 상대의 의중을 오해해서 억울함이 쌓이기도

합니다. 이럴 때마다 답답한 마음에 "지금 네가 뭘 잘했다고 억울해하니? 어? 지금 상황을 봐봐!"라고 다그친다 해도 아이가 "아! 그렇구나. 내가 상황을 잘못 해석했네? 아, 이제 정신이 차려진다. 어이쿠!" 이런 식의 반응을 하는 일은 일어나지 않습니다. 오히려 나의 억울함을 몰라주는 엄마에게 서운함이 쌓여갈 뿐입니다.

"엄마는 맨날 나한테만 뭐라 하고!"

자기 세계가 강한 아들일수록 자신의 내면에 집중하는 능력은 강해지지만 상대방의 의중을 파악하는 능력은 부족하기에, 엄마의 훈육을 오해하는 경우가 생깁니다. 아무리 좋은 의도를 가지고 있어도 의도에 오해가 끼면 전달이 되지 않고 겉돌게 됩니다.

따라서 반드시 기름기를 쫙 빼듯 불필요한 감정을 빼고, 아이를 가르치는 방식에 익숙해질 필요가 있습니다. 아마 여기까지는 다 이해하실 것이라 생각합니다. 하지만 실제는 어떤가요? 예를 들어, 아들에게 양치를 시켜야 한다고 가정해보겠습니다.

엄마 : 민준아, 양치해라.
아들 : 아, 싫어! 오늘 많이 못 놀았단 말이야!

이럴 때 우리는 대개 '오늘 많이 못 놀았다는 근거'가 틀렸다는 것을 찾기 위한 데이터가 돌아가기 시작합니다. "네가 오늘 뭘 못 놀아! 놀이터에서도 놀고, 아까 형이랑도 놀았잖아! 얼마나 놀아야 직성이 풀리니?" 이렇게 말하는 순간 대립이 시작됩니다. 아들은 자기 기준에 충분히 못 놀았다는 뜻이므로 엄마의 말이 서운합니다. 이때부터는 실제 아들이 충분히 놀았는지가 중심이 아니라, 대립의 대화가 시작됩니다. 이렇게 매번 엉뚱하게 꼬이는 대화를 어떻게 해야 대립하지 않고 가르칠 수 있을까요? 바로 '마음은 인정하고 행동은 통제한다'는 원칙을 지키시면 됩니다.

> "에고, 그랬어? 오늘 원하는 만큼 못 놀았구나. (마음 인정해주기) 그런데, 그래도 양치는 해야 해. (행동 통제하기)"

이해가 가셨나요? 평소 아들이 나에게 말도 안 되는 요구를 해올 때도 많을 것입니다. 그럴 때 한 가지 법칙만 기억하시면 좋겠습니다. '마음은 인정해주고 행동만 통제하기.' 이 법칙만 기억한다면 아들과 크게 대립하지 않고, 불필요하게 억울한 마음을 만들지 않으면서 가르칠 수 있습니다. 다른 상황에 대입해보겠습니다.

아들 : 엄마! 나 게임 한 판만 해도 돼?

엄마 : 오늘은 게임 시간이 끝나서 못 하지.

아들 : 아, 진짜! 그럼 나 뭐하라고. 심심하단 말이야.

엄마 : 네가 뭐가 심심해? 장난감이 이렇게 많은데? 저거 다 갖다 버려?

아들 : 아, 진짜!! 엄마는 나만 미워하고!

자, 평소의 대화입니다. 이번에는 아들의 마음은 인정하고 행동만 통제하는 규칙을 입혀보겠습니다.

엄마 : 에고, 많이 심심하구나. 엄마도 그 마음 알지. 이해가 간다. (마음 인정하기) 그런데, 그래도 게임은 안 돼. (행동 통제하기)

아들 : 아, 왜!! 게임 시켜주라. 한판만 할게. 아 진짜~

엄마 : 에고, 우리 아들 게임 진짜 하고 싶구나. 내일 학교 끝나면 바로 게임부터 하자. 그런데, 오늘은 안 돼.

아들 : 아, 내일? 기다리기 힘들어. 지금 하고 싶어.

엄마 : 에고, 엄마도 네 마음 알겠다. 엄마도 마음 같아선 당장 시켜주고 싶다. 진짜로. 그런데, 약속이기 때문에 안 돼.

이런 식으로 대응하면 불필요한 감정을 낳지 않으면서도 가르칠 수 있습니다. 아들 입장에선 엄마가 내 마음을 충분히 들어주지만 허락해주는 것과는 별개라는 것을 느낄 수 있게 해줘야 합니다. 훈육을 할 때마다 억울한 마음이 쌓여가는 패턴을 맞이하고 있었다면 위 패턴을 꼭 도입해보시길 바랍니다.

물론 처음부터 단박에 잘 되지는 않을 것입니다. 마음 통제와 행동 통제는 얼핏 헷갈리기 쉽거든요. 평소 훈육 상황에서 '내가 지금 통제하려는 것이 아들의 마음일까? 행동일까?'라며 고민하는 시간들이 충분해야 내 것이 될 수 있습니다.

> ★ 민준쌤 한마디
>
> 아들의 마음을 헤아려주는 것만으로도 불필요한 감정싸움을 줄여준다는 것을 기억하세요.

→ 마음

→ 행동

(감정은 수용하기)

오늘 많이 못 놀아서
속상한 거지?
게임하고 싶은 마음,
엄마 알아.

(행동만 훈육하기)

하지만 약속 시간보다
더 하고 싶다고 소란 피우는 건
잘못된 행동이야.

다툼에서 지면
펑펑 울어버리는 아들

승부욕을 다루는 법

"야, 그게 뭐냐. 그것밖에 못하냐? 바보냐? 크크크."

"야, 너나 잘해. 멍청아. 크크크."

아들의 언어를 보면 승부욕이 보입니다. 간혹 친한 친구들과 대화
하는 남자아이들의 언어를 들어보면 정말 친한 건지, 서로 싫은데 놀

사람이 없어서 노는 건지 헷갈립니다. 엄마 입장에선 이럴 거면 같이 안 놀았으면 하는데, 매번 싸우면서 또 그 친구를 찾는 아들을 보면 물음표가 멈추질 않습니다. 몸놀이를 하다가 꼭 눈물을 터뜨리고 나서야 끝나는 아들들을 어떻게 대해야 할까요?

이는 초등학교 운동장에서도 마찬가지입니다. 꼭 격한 스포츠를 하다 감정을 주체하지 못하고, 끝까지 폭발하는 상황이 있습니다. 이럴 때 어떻게 그들을 대해야 하는지 보겠습니다. 먼저, 어린 시절 아들에게 이러한 감정을 끝까지 끌어올려보는 행위는 중요합니다. 자신의 감정을 조절할 능력을 키울 여지가 생기기 때문입니다. 이런 행위를 나쁘게 보면 아이의 감정에 휘말리게 됩니다.

"도대체 이럴 거면 친구를 왜 만나니?! 네 기분만 나빠지고! 다시는 놀지 마!"

이런 접근은 아들이 자신의 감정을 직면하고 만나볼 경험을 송두리째 뺏는 것과 같습니다. 아들은 이러한 경험을 통해 배워가고 있다는 사실을 기억해야 합니다. 그들은 대개 타고나기를 생각할 시간에 먼저 행동하고, 그에 따른 결과를 온몸으로 흡수하는 존재들입니다. 문제는 이런 경험을 하고도 학습하지 못하는 친구들에게 있습니다. 몇 번의 경험으로 학습해야 할 것들을 학습하지 못하면, 친구들 사이에서 고립되기 시작합니다. 그러므로 우리는 아들이 감정이 폭발할 때 몸부터 나가는 습성을 잘못된 것이라 여기고 과하게 화낼 필요가 없습니다. 그리고 그들이 한두 번 부딪히고도 배우지 못하는 기색이 있을 때는 개입이 필요하다는 걸 알아야 합니다.

축구를 하다 과열되어서 지나치게 흥분한 아들을 상상해보겠습니다. 그는 어떤 상태일까요? 온몸의 남성 호르몬이 뿜어져 나오며 '반드시 이겨야 한다! 이기지 못하면 우리가 지는 거야! 지는 건 절대 안 돼. 그럼 패배자가 되는 거지'라며 스스로에게 끊임없이 명령을 내리고 있는 상태입니다. 순간적인 상황에 과하게 몰입하여 '이거 하나 못 이기면 내 정체성 자체가 무너져버릴 것 같은 생각'에 갇혀 있는 상황입니다. 이런 때에 "그렇게 화낼 거면 아예 놀지 마! 왜 놀면서 스트레스를 받아?! 이해가 안 되네" 등의 대응은 아무런 도움이 되지 않습니다. 엄마 입장에선 '그렇게 행동하면 친구를 잃거나 못 놀게 될 수도 있으니 큰 손해야. 그만하는 게 좋을 거야'와 같은 마음이겠지만, 지금 아들의 머릿속엔 그런 생각이 들어올 여지조차 없습니다.

게임을 하다가 키보드를 쾅쾅 치며 화를 내는 아들의 마음도 그렇습니다. '나는 이거 하나 못해내는 머저리야!', '원래 잘하는데 오늘따라 왜 이렇게 안 되는 거야!' 등 원래 생각했던 이상적인 자신과 실제 자신과의 차이로 크게 괴로움을 겪고 있는 상황입니다. 이때 필요한 개입은 '일단 멈추기'입니다. 승부욕으로 가득 찬 아들의 머릿속에 '그런 식으로 짜증 내면서 하다가는 완전히 못 하게 되는 수가 있어'

라는 말은 들어오기 힘듭니다. 게다가 이런 식으로 조절을 가르치면 엄마가 없거나 어른이 없을 땐, 조절의 필요를 느끼지 못하는 2차 문제까지 생깁니다. 그러므로 가장 적합한 개입은 "조절될 때까지 잠시 멈추자" 정도가 좋습니다.

아들은 순간적인 감정에 지배당한 상태이기 때문에 '환기'가 필요합니다. 엉덩이를 팡팡 두들겼을 때 순간적으로 아들이 말을 잘 듣는 원리 역시(무서워서도 있겠지만), 순간적으로 환기가 되며 강하게 빠져 있던 감정으로부터 강제 전환이 되는 것이기 때문입니다. 그래서 핵심 과제는 아들을 특별히 공격하지 않으면서도, 환기시키는 방향을 찾아가는 것이 되겠습니다.

"잠시 멈춰. 민준아. 화가 너무 나지? 그럴 땐 잠시 멈추는 게 규칙이야. 엄마 봐. 엄마 봤니? 심호흡 한번 크게 하고, 조절되면 다시 시작하자. 조절되면 이야기해주렴."

조절이 되면 다시 시작하고, 지켜보다 과열되면 멈추고 다시 생각하게 합니다. 스스로를 조절해야 이 즐거운 게임을 계속할 수 있을 거라는 생각을 하도록 돕는 것입니다. 승부욕에 과하게 빠진 아들의 특성은 불나방과 같습니다. 아무런 생각 없이 불사르듯 승부욕이라는 감정을 만나서는 안 됩니다. 한 번은 불사를 수 있지만, 그 과정을 통해 반드시 배워야 할 것들이 있습니다.

아들에게 승부욕이라는 감정은 느끼지 않아야 할 나쁜 감정이 아닙니다. 평생에 걸쳐 어르고 달래며 살아가야 할 동반자입니다. 아들이 승부욕에 빠지지 않았으면 좋겠다는 생각은 비현실적입니다. 그보다 승부욕에 빠지는 순간, 이런 생각을 해보면 좋겠습니다.

'드디어 내가 아들에게 승부욕이라는 감정을 데리고 사는 방법을 알려줄 수 있겠군.'

아들의 승부욕을 바라보는 내 마음 또한 한결 가벼워질 것입니다.

★ 민준쌤 한마디

아들이 감정에 지배당하고 있을 때 부모가 바로 그 감정을 바꿔줄 수는 없습니다. 아이의 감정이 '환기'가 될 수 있도록 지켜봐주세요.

크아앙

으악
피해!

22

훈육을 굴복이라
생각하는 아들

즉흥적인 통제를 줄이는 법

엄마 : 잘못했어? 안 했어?

아들 : …….

엄마 : 대답 안 해? 너 지금 왜 혼나는지 몰라?

아들 : 아 알았다고….

아들과 대화를 나누다 보면 지금 자기 잘못을 정말 알기는 알았는지 답답할 때가 한두 번이 아닙니다. 엄마 말을 듣고는 있지만 완전히 듣고 있지는 않는 듯한 모습을 보이기 때문이죠.

엄마 : 네가 뭘 잘못했는지 말해봐.
아들 : 내가 뭘 잘못했는데?
엄마 : 뭐? 그걸 몰라?

이런 훈육이 반복되는 이유는 '아들의 굴복당하고 싶지 않은 심리'를 잘 이해하지 못하기 때문입니다. 엄마 입장에서는 분위기 보고 알아서 기었으면 하는 마음이지만, 아들은 엄마가 하는 말이 부당한지 부당하지 않은지 하나하나 따지고 듭니다.

"엄마도 티비 보면서 왜 맨날 내가 핸드폰 하는 거만 뭐라고 해?"
"엄마도 그때 먼저 소리 질렀잖아."

안 그래도 터져 나오는 화를 꾹꾹 참고 있는데, 아들이 분위기 파악 못하고 팩트를 날리며 기름을 붓습니다.

이런 아들의 태도는 '자기주도성'과 연관이 있다고 봅니다. 아들이 진짜 하고 싶은 이야기는 '상대방의 말에 따라 좌지우지 되고 싶지 않아. 이게 엄마의 감정이 아니라 정확한 규칙이면 따를게'일 것입니다.

물론 맞는 말입니다. 우리는 아들에게 '눈치 보는 것'을 가르치고자 하는 것이 아닙니다. '사회적 규범'을 가르치려 하는 것입니다. 그런데 문제는 무엇이 사회적 규범이고 무엇이 눈치를 보는 것인지가 모호하다는 데 있습니다.

이를 구분하는 방법은 상황이 발생하기 전에 미리 고지가 된 사안인지, 즉흥적으로 나온 사안인지 따져보는 것입니다. 예를 들어, 아들이 게임을 하는 모습을 지켜보다가 속이 터질 것 같아서 나도 옆에서 텔레비전을 보았는데, 아들은 시간이 한참 지났는데도 신나게 게임을 하고 있습니다. 이때 갑자기 화를 내며 말한다면 아들 입장에선 감정적, 즉흥적인 통제라고 느낍니다.

"아니, 너 아직도 게임하니? 너무한 거 아니니?"

그럼 아들은 "엄마도 실컷 티비 보고선 왜 나한테만 난리야" 하고 불만을 갖습니다. 내가 하는 말의 권위와 신뢰를 얻으려면 즉흥적인 통제를 줄여 나가야 합니다. 그러나 집안일을 하다 보면 즉흥적으로 해야 할 일이 쏟아져 나오니, 이게 참 어렵습니다. 부엌에서 일하다가 거실을 보니 엉망이고, 아들이 지나간 자리마다 줄줄이 흔적이 남아 있습니다. 이럴 때 답답해서 "너 당장 안 치워?!"라고 말하면, 아들은 대번에 "아, 이따가 할게"라고 응수할 가능성이 높아집니다. 만일 내 말에 대한 아들의 반응이 늘 듣는 둥 마는 둥 하고, 불만만 높아지고 있는 기분이 든다면 '즉흥적으로 말하기'를 줄이고 '예고하며 말하기'에 집중해야 합니다.

'예고하며 말하기'는 사실 어른들에게도 중요합니다. 만일 내가 어느 날 회사에 갔는데 아무 예고 없이 '오늘 부산에 출장 좀 다녀오라'고 통보받는다면 무척 당황스러울 것입니다. 적어도 며칠 전엔 나왔어야 할 출장 이야기를 당일에 듣는다면 누구도 받아들이기 어렵겠죠. 종종 아이들 기분이 그렇습니다. 어리다는 이유로 지금 상황이 어떤지 앞으로 어떤 일이 벌어질지, 오늘 해야 할 일은 무엇인지 등이 명확하게 공유되지 않는 경우가 많습니다.

엄마 머릿속엔 설거지를 몇 시까지 끝내고, 언제쯤 아들을 데리고 나가야 할지에 대한 생각이 들어 있습니다. 하지만 이와 같은 내용이 아들에게는 공유되지 않는다면, 아들을 가족이 아니라 회사의 '신입 사원'이라 생각하고 대할 필요가 있습니다. 회사에서 타인에게 일을 시킬 때 우리의 모습을 잘 생각해봅시다. 아마도 가능한 어떤 일이 일어나기 전에 고지해주려 애를 쓸 것입니다. 아들에게도 이런 접근이 필요합니다.

키즈카페에서 놀다가 나갈 때도, 컴퓨터 게임을 하던 걸 멈추게 할 때도, 텔레비전을 그만 보게 할 때도, 학원을 보내거나 식사를 해야 할 때도 항상 적절한 예고가 필요합니다. 물론 그렇다고 해서 예고한 말을 아들이 다 잘 따르는 것은 아닙니다. 피치 못할 사정이 있거나 정말 중요한 일은 아들의 뜻과 상관없이 이행해야 됩니다. 그러나 이 단호한 이행에 앞서 '충분한 예고가 있었는가, 그렇지 않았는가'에 대해서는 아들의 입장에서는 정말 중요한 일입니다.

> ★ 민준쌤 한마디
>
> 부모의 말에 권위와 신뢰가 있으려면, 상황에 대한 '적절한 예고'가 있어야 합니다.

23

지시를
받아들이지 않는 아들

엄마와 아들 관계 바로잡는 법

매스컴에서 오래전부터 거론되던 이야기 중 하나가, 명령만 하는 지시형 부모가 되지 말라는 것입니다. 이를 어기고 아이에게 딱딱한 지시를 하는 것은 명령형 부모가 되는 것 같아 마음이 불편한 분들이 많습니다. 존중의 육아, 친구 같은 부모가 되고 싶기 때문일 것입니다. 그래서 다양한 스킬을 써가며 가능한 안 된다는 말을 직접적으로 하기보다는, 아이가 스스로 좋은 선택을 할 수 있도록 노력하곤 합니다. 예를 들어 놀이터에서 놀다가 집에 가야 하는 순간이 왔다고 가정해봅시다.

"이제 그만 놀고 갈까?"

그럼 아이는 대번에 싫다고 말할 것입니다. 여기서 문제는 가야 하는 상황인데 아이가 선택할 수 있는 것처럼 표현했다는 점입니다. 이미 물어봤으니 아니라고 대답한 이상 안 가야 합니다. 아이가 선택하도록 물어봤기 때문입니다. 그러나 우리는 아이에게 대개 이런 말을 합니다.

"그럼 너 혼자 놀아. 엄마 이제 간다. 안녕!"

아이들은 이런 표현을 자주 하는 부모를 진실하지 못하다고 생각합니다. 예를 들어 회사의 상사가 "각자 떠오르는 아이디어를 편하게 말하세요"라고 해놓고 막상 누군가 말하면 여러 가지 이유를 대며 자신이 원하는 답이 나올 때까지 기다린다고 가정해봅시다. 아마 상사 자신은 사실상 답을 알고 있으면서도, 팀원들에게 말할 기회를 주는 훌륭한 팀장이라고 생각할 테죠. 그러나 팀원들은 그저 '답정너' 팀장님 정도로 생각할 뿐입니다. '그냥 답을 알고 있으면 말하지, 굳이 왜 저런 행동을 할까?' 하는 생각이 들지도 모릅니다. 이런 회의를 우리는 '상사 마음 맞추기 게임'이라 부릅니다.

이런 일이 반복될 때 상사의 권위는 떨어집니다. 진실하지 못하다고 생각되기 때문입니다. 아이들 역시 부모의 말속에 다른 의도가 있다고 느낄 때 신뢰하지 못합니다. 인간은 오랜 시간 살아남기 위해 본능적으로 상대의 거짓에 민감하게 설계되어 있기 때문입니다. 이는 배워서 판단하는 것이 아니라 인간의 본능입니다. 거짓을 말하는 자를 무리에서 빨리 추출해내지 못하면, 무리 전체에 위기가 올 수 있기 때문입니다.

놀이터를 떠나야 하는 순간엔, "우리 이제 가야 해. 그것까지만 하고 바로 갈 거야"라고 담백하게 표현하는 일에 익숙해지셔야 합니다. "엄마는 가고 싶어. 이제 가자. 우리 너무 늦었어!" 등의 메시지는 불필요합니다. "우린 그 시간에 갈 거야"가 적당합니다. 정해져 있는 것을 에둘러 선택할 수 있는 것처럼 말하는 일은 '거짓'입니다. 존중할 수 있는 건 충분히 물어보셔도 좋습니다. 그러나 지시해야 하는 영역은 반드시 담백하게 지시해야 합니다.

'지시하기'와 '지침 알려주기'를 두려워하는 부모는 아이들에게 신뢰감을 주지 못합니다. 가정에 나보다 약하거나 나와 비슷한 힘을 가진, 몸이 큰 어른 둘과 살고 있는 것과 같습니다. 게다가 나에게 쩔쩔매던 어른이 갑자기 지시를 하고나서는 불같이 화를 냅니다. 그동안 친구와 같은 존재라고 믿어왔는데, 이제 와서 가르치려 합니다. 물론 친근한 부모가 되고 싶은 마음을 이해하지 못하는 것은 아닙니다. 그러나 아이가 나중에 충분히 성숙한 이후에, 친구가 되셔도 늦지 않습니다. 지금은 아들에게 친구같은 부모가 아닌 정확한 지침을 줄 수 있는, 따르고 싶은 부모가 필요합니다.

다음으로 주의해야 할 사항은 정해진 일을 지나치게 설득해서는 안 됩니다. 아들에게 지시를 했으면 다음으로 해야 할 일은 왜 이런 지시를 했는지 설명하는 일이지, 아이가 납득할 때까지 설득하는 일이 아닙니다. 물론 사춘기가 온 아이에게까지 이렇게 한다면 문제가 되겠지만 어린아이일수록 이는 중요한 코칭법입니다. 특히 당연히 해야 하는 일에 매번 아이를 설득하고 있다면 멈추셔야 합니다.

예를 들어 "지금 양치해야 해"라고 말했는데 아들이 "싫어"라고 했을 때, "왜 싫어? 해야지. 너 왜 엄마 말 안 들어. 이렇게 미운 행동 할 거야?"라고 물어보며 졸졸 쫓아다녀서는 안 됩니다. 왜 그런 행동을 하는지 묻거나, 다양한 방법을 통해 아이를 회유하려는 행동은 상황의 주도권을 아이에게 넘기는 일이 됩니다. 그럴 때는 그냥 "하기 싫구나. 마음은 알아. 그러나 해야 돼"라고 말하면 적당합니다.

"양치를 해야 해"라고 말했는데 "잠깐만" 혹은 "왜 해야 하는데?" 하고 묻는다면 한 번은 설명해주되 그 이상 하는 건 의미가 없습니다. 한 번의 제대로 된 설명 이후엔 예고하고 행동하는 편이 좋습니다. 반복되는 설득은 "제발 양치 좀 해줘. 너가 안 해주면 너무 힘들어. 엄마 봐서라도 해줘라"라는 매달림으로밖에 보이질 않습니다. 이런 상황이 반복될수록 아이는 부모가 지시는 했지만 결국 최종 결정자는 자신이라는 착각을 하게 됩니다. 자기주도 성향이 강한 아들일수록 이런 관계를 잘 알아차리고 같은 일로 매번 부모를 힘들게 합니다.

어린 아들일수록 육아의 최종 결정자는 부모입니다. 아이의 뜻을

'존중'한다는 이유로 당연히 해야 할 일을 피해서는 안 됩니다. 다섯 살짜리 아이가 양치를 할지 말지 결정할 수는 없습니다. 엄마의 입장이 단호하면 아이는 금방 적응합니다. '내가 이렇게 아들에게 지시해도 되나?' 하는 의구심을 떨쳐야 합니다. 그래야 아이가 사춘기가 왔을 때 부모로서 아이에게 넘겨줄 권한과 결정권이 있습니다. 아이가 어릴 때 갖추지 못한 부모의 권위를 사춘기 때 다시 쥐기란 매우 어려운 일입니다. 육아는 내가 가진 권한으로 아이에게 생활양식을 가르치는 것입니다. 아이가 커갈수록 권한을 아이에게 하나씩 넘겨주며 자립을 돕는 흐름이 되어야 합니다.

> ★ 민준쌤 한마디
>
> 아이가 어릴 때부터 친구 같은 부모가 되려 하기보다는 부모로서의 권위와 신뢰가 더욱 중요하다는 것을 기억하세요.

24

점점 더
비밀이 많아지는
아들

사춘기 아들을 대하는 법

"선생님, 어느 순간부터 아들이 저에게 입을 닫았어요. 모든 문제를 '친구 엄마'를 통해 알게 되었다니까요. 어떻게 해야 할지 모르겠어요."

나에게 비밀이 없던 아들이 어느새 비밀이 많고 말수가 적은 아들로 변하게 됩니다. 엄마 귀가 따갑게 말을 하던 아들이 귀찮기만 했던

데, 좀 컸다고 엄마 앞에서 도통 말을 하지를 않으니 답답하기도 하고, 예전 시절이 그리워지기도 합니다. 왜 아들은 부모에게 점점 더 말하지 않게 될까요? 선천적인 이유로 감정처리 능력이 부족해 입을 닫기도 하고, 자신이 스스로 결정하기 위한 훈련을 하기 위해서이기도 합니다.

사춘기가 되어서 입을 닫는 아들은 '엄마, 이제 내가 좀 알아서 해볼게. 나도 이제 다 컸어'와 같은 마음일 것입니다. 이럴 때는 부모가 아들을 존중해줘야 합니다. '아냐, 너는 아직 엄마의 통제를 받아야 해'라고 거리를 좁히려고 하면, 오히려 강한 방어기제가 생겨날 수도 있습니다.

물론 사춘기 딸들도 종종 말수가 적어지기도 합니다. 특히 그 대상이 이성인 아빠에게 더욱 그러한 경우가 많습니다. 엄마는 동성이기 때문에도 그렇고, 여성의 경우 스트레스가 생기면 누군가와 대화를 해야 풀리기도 해서 딸을 둔 엄마는 크게 단절감을 느끼지 못합니다. 그러나 아들은 다릅니다. 스트레스가 쌓이면 혼자 게임을 해야 풀리는 아들은 엄마 입장에선 여간 어려운 게 아닙니다. 힘들면 말을 하면 되는데, 왜 혼자 저러고 있는지 도무지 이해가 되지 않습니다. 아들의 갑작스러운 단절로 인해 엄마가 '분리불안'을 겪기도 합니다. 영유아 아이들에게 자주 사용되는 '분리불안'이라는 용어가 이제는 부모에게도 사용되고 있습니다. 자신의 일을 스스로 결정하겠다는 사춘기 아들을 바라보는 부모의 마음은 편치 않습니다.

스스로 결정을 내리는 일을 아들에게 넘기기 위해선 꾸준한 훈련이 필요합니다. "엄마, 나 이거 사도 돼?"라고 아들이 물었을 때, 예전에는 어느 정도 아이에게 가이드라인을 주고 엄마가 결정을 했겠지만, 아들이 사춘기에 다다른 때부터는 "음, 이 정도는 이제 민준이가 결정해도 되겠는데? 민준이가 결정하고 왜 그렇게 생각했는지 공유해줘"라는 정도의 이야기가 필요합니다.

입을 닫은 아들에게 해줘야 할 코칭은 이제 별로 없습니다. 자꾸 가르치려 하기보다는 지지하고 응원하는 마음이 더 필요한 시기입니다. 이때 필요한 코칭의 대상은 아들이 아니라 나일지도 모르겠습니다. 이때는 아들이 옆에 없어도 엄마 혼자서도 잘 지내는 연습이 필요합니다. 단절을 의미하는 것은 아닙니다. 아들이 짧은 항해를 마치고 돌아오고 싶을 때, 언제든 포근하게 안아줄 수 있는 항구가 되어야 합니다. 부모에게는 이와 같은 마음의 준비가 반드시 필요합니다.

★ 민준쌤 한마디

아이는 부모의 믿음과 응원으로 자랍니다. 지난 시간에 대한 상실감보다는 미래에 대한 기대감으로 아들의 다음 스텝을 응원해주세요.

아들TV

on air ✓

성교육은 자기결정권에 대한 교육

모든 어머니들이 궁금해하는 주제, 성교육에 대해 이야기해볼까 합니다. 먼저 짚고 넘어가야 할 게 있어요. 스마트폰이 있기 전과 후의 성교육은 상당한 차이가 있습니다. 과거의 성교육과 지금 해야 되는 성교육은 완전히 달라야 해요. 지금 시대에 우리가 아들에게 가르쳐야 되는 성교육의 포인트는 네 가지 정도로 요약할 수 있습니다.

첫째, 스마트폰과 미디어 등으로 생기는 문제를 반드시 이해하고 적절한 교육이 이뤄져야 합니다. 스마트폰이 등장하면서 아이들이 자기 몸을 찍어서 올리거나 상대방의 몸 사진을 요구하거나 단톡방에 공유하는 일이 굉장히 쉬워졌어요. 이에 대한 문제의식을 가져야 합니다. 더 큰 문제는 이런 것은 시간이 지난다고 해서 사라지는 게 아니라 계속 남아서 아이를 괴롭힐 수 있다는 것이지요. 이런 부분에 대한 교육이 반드시 이뤄져야 합니다.

먼저 남을 찍는 게 상당히 위험한 행위라는 것을 인지하는 아이가 극히 드물다는 문제를 알려드리고 싶어요. 타인의 사진이나 영상을 마음대로 찍어서 올리는 것은 자칫 잘못하면 범죄가 될 수 있습니다. 그런데 이 개념이 가족 내에서는 좀 모호한 경우가 있어요. 어머니들이 아들의 사진을 찍어서 올리기도 하잖아요. 물론 이 자체를 잘못된 행위라고 볼 수 없지만, 아이들에게는 약간의 오해를 낳을 수도 있어요. '내가 좋아하는 사람 혹은 타인의 사진이나 영상을 찍어서 어딘가에 올리는 게 정당하다'는 잘못된 인식을 줄 수도 있는 것이지요. 게다가 아이들도 엄마가 자신의 사진을 찍어서 마음대로 올리는 게 싫을 수도 있습니다. 아이의 사진을 올리기 전에 아이에게 그것을 보여주고, 이것을 올려도 되겠냐는 질문을 하는 등의 적절한 교육이 이뤄져야 합니다. 아무리 가까운 사람이라도 누군가의 사진이나 영상을 찍어서 올리는 것은 굉장히 위험한 범죄가 될 수도 있으니 그 사람의 동의를 꼭 구해야 된다고 가르쳐주면 좋을 것 같아요.

둘째, 자기 몸을 찍어서 올리거나 타인의 사진을 요구하는 것, 둘 다 문제가 될 수 있다는 점을 반드시 가르쳐야 돼요. 우리 아들들에게는 생물학적 허세가 있습니다. 예를 들어, 자신의 몸에 복근이 조금 보이면 그걸 찍어서 공유하는 친구들이 있어요. 자신의 몸을 찍어서 누군가에게 공유하는 것은 절대로 안 된다고, 꼭 해야 될 일이 있다면 미성년자일 때는 엄마, 아빠의 허락을 받아야 한다고 알려줘야 합니다. 아울러 자신의 사진을 보여주며 다른 사람에게도 '너도 사진을 찍어서 보여줘'라고 요구하는 것은 정말 위험한 범죄가 될 수 있다는 것을 반드시 가르쳐줘야 합니다.

셋째, 이건 아이들이 잘 모르는 부분인데, 아이가 그런 사진을 찍어서 올리거나 그런 걸 타인에게 요구하지 않아도 그러한 사진을 올리라고 요구하는 단톡방에 들어가 있는 것만으로도 문제가 될 수 있다는 것을 알려줘야 합니다.

우리가 놓치지 말고 가르쳐야 될 이 시대의 성교육 내용을 꼽는다면 '내 몸을 찍어 올리지 않고, 타인의 몸을 요구하지 않고, 이런 사진이 돌아다니는 단톡방에도 가담하지 않는 것' 이 세 가지는 반드시 가르치셨으면 좋겠습니다. 결국 성교육은 자기결정권에 대한 교육입니다. 자신의 몸에 대한 자기결정권을 쉽게 박탈하면 안 되고 타인의 동의 없이 상대방의 자기결정권을 침해해선 안 된다는 것을 반드시 가르쳐야 합니다.

성교육을 주제로 이야기하다 보면 가장 많이 나오는 질문이 아들의 과도한 스킨십에 대한 이야기입니다. 아이가 다 자랐는데도 엄마를 계속 만지려고

한다는 거예요. 잘 때마다 엄마 귓불을 만진다든가, 엄마 옷 속으로 손을 넣는
다든가 하는 아이들이 있어요. 어머니들이 이런 게 싫으면서도 거절하면 아
이에게 상처가 될까 봐 걱정하는 경우가 있는데, 아이들은 그렇게 연약한 존
재가 아닙니다.

"엄마가 지금은 만지는 게 싫으니까 하면 안 돼. 엄마가 싫을 때는 엄마 몸에
손댈 수 없는 거야"라고 명확히 말해줄 필요가 있어요. 이런 경험을 통해 아
이들은 타인의 자기결정권을 존중하는 방법을 배울 수 있습니다.

PART 4

이게 다
게임 때문이라는 착각

게임 문제를 끊어내는 6-Step 전략

네...

내 아들의 뒷모습을 바라보며, 우리 아들은 어떤 욕구를 채우기 위해 게임을 하고 있을지 진지하게 생각해볼 필요가 있습니다. 아들이 게임을 하는 진짜 이유를 알고 나면, 불쾌한 마음보다는 짠한 마음이 앞서기 때문입니다. 그래서 우리는 누군가를 통제하기 전에 먼저 빈구석을 채워주려는 노력을 우선해야 합니다.

아들이 게임만 하면 왜 화가 날까요?

: 게임에 대한 부모의 감정 들여다보기

"선생님. 저는 아들이 게임만 하면 화가 나요. 이거 저만 그런가요?"

아닙니다. 정말 많은 어머님들이 아들이 게임만 하면 화가 납니다. 그리고 아들은 왜 엄마가 유독 게임만 하면 화를 내는지 이해를 못합니다.

"아니, 엄마는 왜 그렇게 게임 이야기만 나오면 예민해?"

만일 아들의 입에서 이런 이야기가 나왔다면, 게임의 영역에서 엄마의 권위를 잃고 있을 가능성이 높습니다. 아들 입장에서 엄마는 '우리 세계는 1도 모르면서 스스로를 조절하지 못하는 사람'처럼 느껴질 수 있기 때문입니다. 아들의 감정을 잘 다루기 위해선 먼저 내 감정을 잘 다룰 수 있어야 합니다. 감정 다루기는 '정확하게 이해하기'부터 시작됩니다. 아들의 게임을 바라볼 때 올라오는 감정이 어떤 때는 '분노'이지만, 어떤 때는 '불안'이기도 하고, 또 '좌절'이기도 합니다. 내 마음이 지금 어떠한 상태인지 정확하게 구분할 수 있어야 합니다.

'불안'은 대체로 내가 잘 모르는 것에서 터져 나옵니다. '불안'의 대부분은 이를 잘 알고 나면 사라집니다. 엄마 입장에서는 '마인크래프트', '로블럭스', '브롤스타즈', '롤'과 같은 게임은 이름도 낯설고 어렵게 느껴지는 존재입니다. 서로 싸우고 때려 부수는 현란한 화면에 현기증이 납니다. 컴퓨터 화면에 고개를 푹 박고 게임하는 아들을 바라보면, 여지없이 불안이 올라옵니다. 불안을 해결하는 가장 좋은 방법은 이를 제대로 알아가는 것입니다. 이러한 게임들은 내가 어렸을 때 했던 '술래잡기', '얼음땡', '레고 놀이' 등과 유사합니다. 해보지 않았을 때는 음침하고 폭력적이고 중독을 일으키는 무서운 녀석으로 보이지만, 자세히 알고 나면 어렸을 때 우리가 하던 놀이를 그저 온라인으로 옮겨놓은 친숙한 녀석들이기도 합니다.

물론 스마트폰이나 게임을 마음껏 하게 두라는 이야기는 아닙니다. 다만, 우리가 아들의 마음을 다뤄줘야 할 때 우리에게 '불안'이 있으면 다루기 어렵다는 이야기를 드리고 싶습니다. 불안하면 불필요한 제지를 하게 되고, 이런 제지가 반복되면 신뢰를 잃게 됩니다. 그런 이유로 저는 부모님들에게 아들이 하는 게임을 해보라고 권하기도 합니다. 함께 게임을 해보는 것만으로도 불안이 많이 줄어들기 때문입니다. 불안이 걷히면 비로소 본질이 보이기 시작합니다. 게임을 하는 것이 나쁜 것이 아니라, '약속을 지키지 않는 것이 잘못된 것'이라는 사실을 불필요한 감정 없이 알려주고 통제할 수 있어야 합니다.

> ★ 민준쌤 한마디
>
> "엄마 나 이 게임 한판만 깨고 나갈게." vs "엄마, 나 수학 한 문제만 풀고 나갈게."
> 나는 왜 유독 게임 문제에 민감할까요? 내가 그 문제에 민감하면 아이를 제대로 가르칠 수 없습니다.

밥 먹어라!

엄마!
게임 한 판만 더 하고 먹을게.

밥 먹어라!

엄마!
수학 한 문제만 더 풀고 먹을게.

아들은 왜 이렇게 게임을 좋아할까요?

: 게임에 빠지는 아들의 심리 파악하기

아들들은 정말 게임을 좋아합니다. 앞서 언급했듯이 1,457명 아들 엄마 설문조사에서 무려 45.2%가 '아이의 게임문제' 때문에 힘이 든다고 응답했습니다. 특히 코로나 시대 이후 친구들과의 만남이 줄어든 대신, 스마트 기기와 게임에 빠지는 시간은 늘어난 것으로 보입니다. 문제는 게임의 속성상 그냥 적당히 하는 게 쉽지 않다는 점에 있습니다. 게임에 빠진 아들의 뒷모습을 보면 그냥 재밌어하는 정도가 아니라 '게임중독자'처럼 보입니다. 게임을 하지 않는 순간에도 게임을 상상하고, 게임을 잘하기 위한 소비도 마다하지 않습니다. 선물로 받고 싶은 건 '게임머니'이고 친구를 만나면 등을 맞대고는 게임만 하다가 헤어지는 경우도 있습니다.

대부분의 아들은 '게임을 왜 하냐'는 질문에 '친구들과의 관계 때문에 어쩔 수 없다'고 말합니다. 이는 일부 사실입니다. 최근 초등 남학생들이 노는 광경을 보면 놀이터에서 약속을 잡는 횟수보다, 온라인 게임 속에서 만나는 횟수가 더 많습니다. 오프라인으로 만난다 해도 많은 시간을 게임 이야기를 하며 놉니다. 반에서 나를 포함해서 4명이 친한데, 3명이 같은 게임을 하면 선택의 여지가 없습니다.

"꼭 게임을 해야 돼? 게임 안 하고 친구만 만들면 되지!"와 같은 이야기는 아들 입장에선 터무니없는 말처럼 들릴 것입니다.

그렇다면 아들은 왜 게임을 좋아할까요? 이는 남자아이들 특유의 '재미와 자극추구 성향'과 연관이 깊습니다. 남자아이들은 선천적으로 싸우고 이기고 성장하는 것에 끌리는 호르몬을 가지고 있습니다. 특히 유초등 남자아이들을 보면 재미를 찾아내는 천재들 같습니다. 하지만 세상은 아들에게 안 되는 것투성이입니다. '올라가지 마라', '싸우지 마라', '던지지 마라' 등 답답한 통제 속에 살던 남자아이들에게 게임 속 세상은 한줄기 오아시스처럼 느껴집니다. 게다가 게임을 열심히 하면 친구들이나 다른 유저들에게 인정도 받습니다. 작은 노력으로도 눈에 띄게 성장하는 느낌을 받기 때문에, 인간의 기본적 욕구 중 하나인 '성장 욕구'도 해결이 됩니다. 또 남성은 스트레스를 받으면 누구를 만나기보단 대개 혼자 풀려고 하는 경향이 있습니다. 이래서 아들은 엄마의 지적을 받거나 스트레스가 늘어날수록 게임에 더 빠지게 됩니다.

즉, 아들이 게임을 좋아하는 이유를 간단하게 줄이면 '누군가에게 인정받거나 자존감을 높이기 위해', '하기 싫은 것들을 회피하기 위해'라고 볼 수 있습니다. 이를 심리학 용어로 '접근 동기'와 '회피 동기'라 부릅니다. 아들은 결국 무언가를 얻거나, 회피하기 위해 게임을 합니다. 아들의 게임 이슈를 잘 다루기 위해선 '아들이 게임을 왜 하는지'를 정확히 알아야 합니다. 얼핏 보기엔 그냥 폭력적이고 짜증을 내면서 불나방처럼 화를 내는 아들의 모습이 답답하게 보일 수 있지만, 자세히 보면 그들 나름의 이유가 있습니다. 인간이 가진 본연의 욕구를 게임이 잘 해소해주기 때문입니다.

첫 번째는 '소속감의 욕구'입니다. 인간에게 매우 중요한 욕구 중 하나가 어딘가에 소속되고 싶은 욕구입니다. 게임은 이런 욕구를 잘 채워줍니다. 다양한 클랜(clan)'들이 존재하고 친한 친구들과 게임 속에서 만나고, 함께 게임을 즐길 수 있도록 하며 소속감을 채워줍니다. 만일 아들이 온라인 게임 속에서 친구를 사귀고, 그들과 게임을 하기 위한 시간 약속을 한다면 소속감에 목마른 상황일 수 있습니다. 이런 상황에서는 단순히 게임을 하지 말라는 요구를 하기보다는 오프라인 친구들을 만들어주려는 노력이 더 효과적입니다.

• 같은 인터넷 게임을 즐기는 사람들이 만든 모임

두 번째는 '자존감 회복 욕구'입니다. 아들은 자존감이 낮아진 날에 유독 게임을 하고 싶어 합니다. 오프라인에서 별 볼 일 없게 느껴졌던 나를 조금이라도 회복하고자 노력하는 거죠. 밖에서는 하나도 풀리지 않던 일들이, 게임 속에서는 다른 양상으로 펼쳐집니다. 게임에서 몇 번의 승리를 하면 갑자기 내가 괜찮은 사람처럼 느껴지죠. 이렇게 보면 게임하는 아들의 뒷모습이 짠하게 보입니다. 그러나 이런 마음을 알 리 없는 엄마가 방문을 벌컥 열고 '너는 매일 게임만 하고 뭐하는 녀석이냐'며 소리를 지르면, 아들은 자신의 자존감을 올릴 잠시의 틈도 주지 않는 엄마가 야속하게만 느껴집니다.

게임은 종종 아들의 정체성을 찾아주기도 합니다. 어떤 아이는 학교 친구들 사이에서 '게임을 잘하는 아이'라는 정체성이 굳어져 게임을 끊기 어려워하기도 합니다. 누구랑 친하게 지내고 선생님과는 어떻게 지내야 할지 등 관계 위주로 생각하는 여자아이들과는 달리, 남자아이들은 학교에 들어가는 순간부터 '나는 왜 특별한지', '나는 이 교실에서 무엇을 잘하는 아이가 될 수 있는지'를 우선적으로 가늠합니다. 이런 마음을 가지고 있는 아들에게 친구들이 "와! 너 게임 잘한다!" 하고 감탄사를 날리면, 아이는 그 평가를 유지하기 위해 최선을 다합니다. 이게 나의 정체성이 되어버리는 거죠. 엄마의 통제로 인해 게임 속 내 레벨이 낮아질 위기에 처하면, 아들은 엄마가 너무너무 밉습니다. 엄마 입장에선 단순히 게임을 조절시키기 위한 방편일 뿐이고, 적당히 통제하려는 건데 아들이 너무 강하게 반응하면, 이를 '중독'이라 판단하고 좌절합니다. 단순히 '중독'이 아니라 자신의 정체성을 지키기 위한 '투쟁'이라는 것만 잘 파악해도 엄마의 마음은 한결 안정됩니다.

마지막으로 게임을 통해 느낄 수 있는 또 하나의 욕구는 '자아실현의 욕구'입니다. 모든 인간은 무언가를 성취하고 싶어 합니다. 특히 아들의 뇌에서 나오는 '도파민'과 '테스토스테론'은 아이가 더 많은 것을 꿈꾸고 성취하도록 목소리를 내고 있습니다. 현실에서는 어려웠을지라도, 게임에서는 쉽게 성취감을 느낄 수 있습니다. 몬스터 몇 마리만 잡아도 경험치가 얼마나 올랐는지, 얼마나 더 노력해야 다음 레벨이 되는지에 대해 명확한 피드백을 줍니다.

우리가 공부를 하다 포기하거나, 다이어트를 관둘 땐 너무 힘들어서라기보다는 앞으로 얼마나 더 노력해야 하는지 모르고, 이렇게 노력하면 되는 건지 확신이 없기 때문입니다. '이렇게만 하면 반드시 원하는 것을 얻을 수 있다'는 확신을 받아야, 인간은 노력을 멈추지 않고 꾸준히 할 수 있습니다. 게임은 이런 아들의 심리를 정확히 꿰뚫고 있습니다. 오늘도 온라인 게임에 출석한 네가 얼마나 멋진지, 지금 네가 노력해서 이룬 결과는 몇 레벨인지, 앞으로 몇 마리 몬스터를 더 잡아야 하는지, 아주 세세한 피드백과 응원을 해줍니다. 게임 속 코칭을 따라가다 보면, 아들이 조종하는 게임 캐릭터가 눈에 보이게 성장하게 됩니다. 우리가 아들이 성장해가는 모습을 보며 뿌듯함을 느끼듯, 아들은 자신의 캐릭터가 자신의 노력에 의해 성장해가는 것을 볼 때 엄청난 뿌듯함을 느낍니다.

엄마 입장에선 단순히 게임중독자처럼 스스로를 조절하지 못하는 하나의 아들만 있지만, 전국의 남자아이들은 이렇게 다양한 이유로 게임을 합니다. 누구는 자존감 때문에, 누구는 지독히 하기 싫은 공부를 피하기 위해, 누구는 무리에서 인정받고 소속되고 싶어 게임을 합니다. 이런 세세한 사유를 알았다면 내 아들의 뒷모습을 바라보며, 우리 아들은 어떤 욕구를 채우기 위해 게임을 하고 있을지 진지하게 생각해볼 필요가 있습니다. 아들이 게임을 하는 진짜 이유를 알고 나면, 불쾌한 마음보다는 짠한 마음이 앞서기 때문입니다. 그래서 우리는 누군가를 통제하기 전에 먼저 빈구석을 채워주려는 노력을 우선해야 합니다.

> ★ 민준쌤 한마디
>
> 아들에게 '게임'이 중요한 데는 분명 이유가 있습니다. 그 이유를 알아야 게임으로 인한 갈등의 실마리를 풀어갈 수 있습니다.

엄마와의 관계

학교생활

친구들과의 관계

우리 아들은 게임중독이 맞을까요?

: 엄마와 아들과의 관계부터 살펴보기

엄마들은 보통 아이가 게임을 하는 것 자체에 대해 걱정하기보다는 '중독'을 두려워합니다. 중독이 안 된다는 보장만 있다면 어떨까요? 아마 지금보다는 훨씬 마음이 편해지시리라 생각합니다. 문제는 게임하는 모든 아이들이 마치 게임중독 초기처럼 보인다는 점입니다. 그러다 보니 엄마가 아이와 게임 문제를 다룰 땐 평소보다 목소리가 한결 더 높아지게 됩니다. 게임 문제로 어려움을 겪는 엄마와 아들을 만나면 이미 관계가 안 좋아진 상태로 오는 경우가 많습니다. 엄마 입장에선 "이렇게 게임만 하는데 당연히 관계가 좋을 수 없지요!"라고 말하시겠지만, 한편으로는 아들과의 관계가 좋지 않기 때문에, '아이가 이렇게까지 게임에 빠지게 되었구나' 하는 마음도 필요합니다.

'중독'에 대한 실험 이야기를 하나 해보도록 하겠습니다. 예전에는 쥐에게 마약물을 주면 죽을 때까지 이를 갈구하다가 죽어버리므로, 단순히 중독물질은 해롭다고 판단했습니다. 그런데 브루스 알렉산더(Bruce K. Alexander)라는 심리학자는 이 실험 조건이 충분하지 못하다고 생각했습니다.

'내가 쥐라도 작은 네모 상자에 갇힌 채, 마약물과 일반물만 주면 마약물을 먹고 죽고 싶을 것 같은데?'

이 짧은 의문을 시작으로, 그는 기존의 작은 상자가 아닌 훨씬 큰 상자에 실험 쥐를 넣었습니다. 그리고 쥐의 친구들과 가족도 함께 넣어주었습니다. 또한, 쥐들이 가장 좋아하는 체다치즈를 슬라이스 쳐서 넣어주며, 쥐들의 '천국'과 같은 공원을 만들어주었습니다. 쥐들을 충분히 행복하게 해준 후, 다시 한 번 마약물과 일반물을 주는 실험을 했습니다. 그랬더니 놀랍게도 쥐들은 스스로 일반물을 먹기 시작했습니다. 이를 통해 그는 중독 그 자체가 문제가 아니라, 어두운 현실에 갇힌 사람들이 훨씬 중독에 빠질 확률이 높다는 사실을 알아냅니다. 이는 게임에 빠진 아이들에게도 적용이 가능합니다. 우리는 게임 자체가 중독물질로만 생각하는데, '중독성 있는 게임'과 '지독하게 어두운 현실' 이 두 가지 조건이 맞아야, 비로소 중독의 요건이 충족됩니다.

결국 쥐들에게 던져준 '체다치즈'는 아들에게 있어 '부모와의 관계' 혹은 '현실세계에서의 자존감'을 의미합니다. 게임으로 인해 엄마와 사이가 매우 나빠지고, 게임을 하지 않는 현실이 지독하게 외롭고 어렵게 느껴질 때, 게임중독의 조건이 형성됩니다. 대부분의 부모님들은 아들이 게임을 좋아하는 사실만 알고 있을 뿐, 어떻게 중독이 되는지 구체적인 과정은 알지 못합니다. 그렇기 때문에 두려운 것입니다. 게임을 좋아하는 아들에게 어떻게 해줘야 할지, 어쩌다 아들이 중독까지 가는지를 정확히 알지 못합니다. 때문에 게임 자체를 막고 싶은 것입니다. 그래서 저는 부모님이 이를 더 정확히 알아야 한다고 생각합니다. 게임 자체를 막는 것은 의미가 없습니다. 중학생만 되도 아이는 이미 여러분의 통제를 벗어나기 시작합니다. 고등학생이 되면 더더욱 아들의 게임을 막을 방법이 없습니다. 어떤 부모님은 청소년 시절만 잠시 잘 관리하면 지나갈 거라 생각하지만, 남성에게 게임 문제는 평생 조절해야 하는 과업입니다.

물론 어린 아들에게 굳이 게임을 하라고 독려할 필요는 없습니다. 다만, 게임을 하는 아들에게 불필요한 감정을 가져서는 안 됩니다. 중독의 반대말은 비중독이 아닙니다. 엄마와의 좋은 관계가 중독의 반대 지점에 있다는 점을 꼭 기억하세요. 만일 여러분의 머릿속에 '아, 그래서 어떻게 하면 게임 시간을 줄일 수 있다는 거야?'라는 의문이 든다면, 질문을 바꿔보면 좋겠습니다.

'어떻게 하면 아들이 게임하지 않는 시간에도 행복하고 즐거울 수 있을까?'

게임을 줄이겠다는 목표에 빠지면 아이와 나의 전반적인 대화는 전부 '통제'에 관련된 이야기가 됩니다. "그래서 게임은 얼마나 할 거니?"와 같이 기승전 '게임 줄이기'로 대화가 이어질 때 아이들은 부모와 대화가 되지 않는다고 느낍니다. 반대로 '게임을 하지 않고도 현실세계에서 자존감과 행복을 느끼게끔 돕겠다'는 목표를 갖게 되면 새롭게 관계가 형성되기 시작합니다.

무엇이든 상관없습니다. 아이와의 관계를 향상시키는 데 아들이 좋아하는 게임을 이용해보세요. 함께 게임을 하는 것도 좋고 게임에 나왔던 캐릭터를 같이 그려보거나 만들어보는 것도 좋습니다. 그것만으로도 아들은 엄마에게 충분히 이해받는 느낌을 가질 것입니다.

> ★ 민준쌤 한마디
>
> 대부분의 부모님들은 아이가 게임을 그만둬야 사이가 좋아질 거라 생각하지만, 사실은 그렇지 않습니다. 부모와의 사이가 좋아야 게임을 통제할 수 있습니다.

게임은 해롭기만 한 것일까요?

게임에 대한 인식 새롭게 하기

게임하는 아들의 모습이 부모 입장에선 다 비슷해 보이지만, 사실 게임을 조금만 알아도 이들의 모습이 다 같지는 않습니다. 어떤 아이는 그저 시간을 때우거나, 친구들과 놀기 위해서 게임을 하지만, 어떤 아이는 유튜브를 보며 이기기 위한 전략을 공부하고, 게임에서 질 경우 진 이유를 복기합니다. 많은 전문가들이 그저 게임을 '자극이 오면 버튼을 누르는 순발력 테스트' 정도로 생각하는데, 이는 게임을 즐겨본 경험이 없는 이들이 게임을 평론하면서 생긴 비극 중 하나입니다.

예를 들어, 아이가 야구 게임을 한다면 그냥 방망이를 마구 휘둘러서는 안 됩니다. 상대 팀 투수의 정보와 방어율, 우리 팀 타자의 능력치와 출루율 등을 정확히 이해해야 합니다. 그래야만 게임에서 승리할 가능성이 높아집니다.

버섯 괴물이 나오면 '점프'만 누르는 아이도 있겠지만, 승리하기 위해 다양한 전략을 구사하고 프로들의 게임 방식을 참고하며 실력을 키우는 아이도 있습니다. 이러한 게임 방식은 아들의 '두뇌 발달' 측면에서도, 아들의 '성장 개념 이해' 측면에서도 긍정적입니다.

엄마 입장에서 긍정적으로 보는 게임이란 보드 게임 정도일 것입니다. 이는 실제 아들이 즐겨 하는 게임세계와는 격차가 큽니다. 아들이 게임을 즐기고 있다면 게임하는 양상을 한번 잘 지켜볼 필요가 있습니다. 아들이 그저 소모적으로 게임을 하거나 무분별한 소비를 하고 있다면, 이는 전전두엽이 마비되는 형태의 게임이 됩니다.

만일 아들이 게임을 하는데 그냥 하는 것이 아니라, 게임을 이기기 위한 전략을 공책에 정리하면서 게임을 즐기고 있다면 이는 아이의 뇌 발달에 더 도움이 되는 상황일 것입니다. 우리 아들은 지금 체스나 바둑처럼 게임을 즐기고 있는 상황으로, 전전두엽을 그 어느 때보다 많이 활용하고 있는 상태입니다. 우리의 통념과는 달리 실제 게임을 잘하는 아이들은 충동적인 아이들이 아닙니다. 이들은 자신의 조절 능력을 탁월하게 갈고닦아가는 중입니다. 이렇게 게임을 즐기는 아들은 다른 것을 배워도 빠르게 배워갈 가능성이 높습니다. 그러니 게임도 잘 못하면서 열심히만 하는 아들을 보며 "그만 좀 해라!"라는 말보다, 어떻게 하면 더 잘할 수 있는지를 함께 공부하는 편이 낫습니다. 게임을 더 잘하려면 룰을 정확히 이해해야 하고, 누구보다 자신을 잘 통제해야 합니다.

반대로 어떤 아이는 게임을 하면서 자꾸 한숨을 쉬고 짜증을 내고 있을 것입니다. 이 상황도 엄마 입장에선 일단 불쾌합니다. '굳이 게임을 하면서 짜증을 낼 필요가 있을까' 하는 생각이 밀려옵니다. 만일 이런 생각이 든다면, 이 글을 읽은 이후부터는 '게임하면서 왜 짜증을 내지?' 하는 생각 대신 '메타인지를 올리고 있구나' 하고 재해석해서 생각해볼 필요가 있습니다. 지금 아들은 자신이 상상했던 '환상적인 나의 게임 실력'과 '실제 나의 게임 실력'에 차이를 느끼고 있는 상황입니다. '상상했던 나'와 진짜 '나의 실력'을 대면하며 자신에 대해 세세히 알아가는 중입니다. 실제 자신의 실력이 볼품없단 것을 아는 순간 더 이상 시도하지 않는 아이도 있는데, 아이가 한숨을 쉬면서도 게임을 한다는 것은, 그럼에도 불구하고 자신의 실력을 쌓아가기 위해 노력하고 있다는 것입니다. 자신에 대한 이상이 높은 아들에게는 반드시 이러한 시간이 필요합니다.

물론, 그냥 지켜보고 있어서는 안 되는 때도 있습니다. 게임을 하며 여러 다양한 사람들과 채팅을 나눌 때 위험한 상황이 생길 수도 있습니다. 아들이 하는 게임에 아무리 귀여운 캐릭터가 나와도, 캐릭터 뒤엔 어떠한 사람이 있을지 모릅니다. 아들이 학교 친구들과 채팅하는 일 자체가 나쁜 일은 아니지만, 실제로 모르는 사람, 어른이나 형들과 게임 상에서 친구를 맺는 일은 사기 범죄나 성추행 사건에 휘말릴 수도 있으므로 각별한 주의가 필요합니다. 이런 면에서도 아들이 하는 게임을 어느 정도 파악하고, 온라인에서 아들을 '친구 추가'를 해놓는 일은 꼭 필요합니다.

⭐ 민준쌤 한마디

'게임'을 좋아할 때 생기는 장점도 있고 단점도 있습니다. 기왕이면 아들이 잘 성장할 수 있도록 게임의 장점을 활용해보세요.

게임을 어떻게 통제해야 할까요?

: 갈등 없이 게임 시간을 제한하는 법

"게임하기 전에는 안 그랬거든요. 게임하면서 아이가 많이 변했어요. 제가 알던 아들이 맞나 싶기도 하고요. 게임만 끊을 수 있다면 뭐든지 하고 싶은 심정이에요."

이미 아들과 사이가 멀어진 부모들에게 게임은 모든 문제의 원인으로 지목되기 쉽습니다. 엄마 입장에선 아들이 게임만 안 하면 예전 모습으로 돌아올 것 같습니다. 아들이 내는 모든 짜증과 불만도 폭력성이 높은 게임을 하며 생긴 문제인 것처럼 느껴집니다.

그러나 아들의 입장은 이렇습니다. 게임이 폭력성을 조장하는 것이 아니라, '게임에 대한 무분별한 통제'가 자신을 더욱 분노하게 만든다고 말합니다. 내 입장은 모르면서 무조건 나를 나쁘게 보는 시선이 싫은 것입니다. 모든 문제가 게임에서 비롯되었다고 믿는 부모와, 게임이 문제가 아니라, 부모의 소통 방식에 문제가 있다고 생각하는 아들의 입장은 늘 팽팽하게 대립합니다. 실제 갈등은 어떤 양상으로 펼쳐지고 있을까요? 게임 문제는 보통 특정 한두 가지 사건으로 생기지 않습니다. 대개 일상의 사소한 문제들이 쌓이고 쌓여 나옵니다.

예를 들면 이렇습니다. 아들이 집에 오자마자 컴퓨터부터 켭니다. 그 모습을 본 엄마의 생각은 처음엔 '일단 믿어보자'입니다. '양심이 있으면 자신도 적당히 하다가 끄겠지' 하고 생각합니다. 그러나 아들은 엄마의 이런 마음을 알지 못합니다. 아들은 '오늘은 게임해도 아무 말도 안 하네. 운이 좋다'라고 생각합니다.

심리학 실험에 의하면 쥐들은 레버를 누르면 늘 먹이가 나올 때보다, 먹이가 언제 나올지 예측되지 않을 때 레버를 더 열심히 누른다고 합니다. 게임을 하는 아이도 마찬가지입니다. 언제 통제받을지 모른다는 생각이 들면, 게임이 더욱 스릴 있게 느껴집니다. 엄마 입장에선 충분히 기다리는 단계가 있었다고 생각하지만, 아이 입장에서 엄마는 '어느 순간 갑작스럽게 폭발하는 사람'으로 보입니다.

"너 아직도 게임하니? 넌 믿어주면 끝을 모르는 아이니?"
아이들은 이런 말에 불편한 감정을 느낍니다. '아니, 그냥 그만하라고 할 것이지. 믿어주면 끝을 모르는 아이라는 말은 왜 하지?' 하고 생각합니다. 여기에는 두 가지 문제가 있습니다. 하나는 통제가 '즉흥적'이었다는 것이고, 또 하나는 '불필요한 말이 섞여 있었다'는 점입니다. 즉흥적인 통제는 분노를 낳습니다. 아들은 '내가 게임하는데, 엄마는 왜 이리 뭐라 하는지'만 생각합니다.

누군가를 통제하는 일은 생각보다 더 '성의'가 필요한 영역입니다. '내가 말하지 않아도 알아주겠지' 하는 마음보다 세세한 표현과 예고가 필요합니다. 예를 들면 위 상황에선 '양심이 있으면 적당히 하다가 끄겠지' 하는 마음을 갖기보다는 정확하게 이런 식으로 말해봅시다.

"민준아, 오늘은 약속대로 두 시간만 해야 하는 거야. 엄마가 끝나기 10분 전에 알려줄게."

그리고 끝나기 10분 전에 와서 시간을 알려주는 행동이 필요합니다. 믿어주면 알아서 행동하는 것은 아이가 조금 더 성숙한 이후에나 가능한 일입니다. 지금은 정확하게 선을 알려주고, 엄마가 말한 선에서 행동을 멈출 수 있도록 도와줘야 합니다.

시간을 알려주려 와서는 "엄마는 알려줬다. 이제 네가 알아서 컴퓨터 꺼"라고 표현하고 나간다면 아이는 또 게임을 통제하는 경험에 실패할 수 있습니다. 이보다는 옆에서 아이가 하는 게임을 차라리 물끄

러미 구경하며 응원이라도 해보셨으면 합니다. 저는 이것을 '성의'라고 표현하겠습니다. 게임을 그냥 통제하는 행위보다는 이렇게 아들의 세계를 수용하려는 태도가 필요합니다. 이러한 성의는 아이가 여러분의 통제에 따르도록 돕는 역할을 합니다.

한번은 모 방송국에서 강의를 하던 중 한 아나운서께서 이런 이야기를 하셨습니다.

"제가 비행기에서 지루해 핸드폰으로 게임을 하고 있었는데 뒤에서 남성 스튜어드 한 분이 '와우, 잘하는데요? 멋져요!'라고 하셔서 '좀 생소하네? 이 나라는 문화가 이런가?' 하고 생각했죠. 그런데 게임이 끝나자, '멋진 게임이었어요. 그런데 이제 착륙해야 하니 게임을 그만해주실 수 있으실까요?' 하고 정중하게 이야기를 하는 거예요. 이때 뭔가 그 사람에게 후광이 느껴지는 것 같았어요."

이런 통제를 받으면 기분이 어떨까요? 너무 미안하면서도 한 번에 수긍이 갈 것입니다. 비행기가 착륙하기 위해선 전자기기를 쓰지 않는 것은 당연한 일입니다. 그런데 이 말을 어떻게 전하느냐에 따라 상대의 감정은 참으로 많이 움직입니다. 누군가는 '잔소리'에 대한 정의를 '맞는 말을 참 기분 나쁘게 하는 것'이라고 말하기도 합니다. 본질은 '게임이 나쁜 것이다'가 아니라, '일상을 해치면서까지 하는 게임은 주의가 필요하다'이며, '게임을 하면 폭력적으로 변한다'가 아니라 '게임을 매개로 상호 공격적인 상황까지 이어지기도 한다'가 맞습니다.

한편, 게임에 관한 약속을 잘 지키지 않는 아이들도 있습니다. 분명 스스로 정한 약속인데도 막상 정해진 시간이 되면 "이것만 하고, 잠깐만"을 연발합니다. 만일 여러분에게 이런 상황이 온다면 결국 나중엔 강력한 조치를 취해야 할 것입니다. 컴퓨터를 강제로 끄거나, 거실로 옮기거나, 평소 게임하는 시간을 줄여버리거나, 스마트폰을 빼앗게 될지도 모릅니다.

이런 조치가 효과를 발휘할 때도 있지만, 어떤 경우엔 역풍과 반감만 낳고 끝나버립니다. 주변을 둘러보면 아들의 컴퓨터를 껐다가 아들과 사이만 극도로 나빠진 사례가 한둘이 아닙니다. 인터넷에 '패밀리링크 탈출'이라고 쳐보면 아이들이 쓴 글 사이에 유독 '인권침해' 혹은 '아동학대'라는 말이 나옵니다. 통제코칭은 방향이 잘못되면 극단적인 저항이 생겨날 수 있으므로 반드시 바른 방법을 배우고 접근해야 합니다. 구체적인 방법에 대해 이야기해보겠습니다.

첫째, 아들이 스스로 한 약속을 반드시 종이에 적어 잘 보이는 곳에 놓아두는 것입니다. 굳이 종이에 적어서 놓을 필요까지 있나 하시는 분들은 반대로 생각해보면 도움이 됩니다. 예를 들어 누군가가 나에게 "여기서 김밥 드시지 마세요. 저 김밥 냄새 진짜 싫어해요"라고 다짜고짜 말하는 것과 벽에 붙어 있는 취식금지 글씨를 상기시켜주며 "죄송한데, 이 공간은 취식금지입니다"라고 말하는 것은 차이가 큽니다. 우리는 언제나 규칙을 설명하는 제삼자가 되어야지, 내가 곧 규칙이어서는 안 됩니다.

둘째, 규칙엔 약속을 지키지 않을 시 어떤 조치를 해야 할 것인지에 대해 명시해야 합니다. '뭐 이렇게까지'라고 생각할 수도 있겠지만 정말 높은 확률로 아이들은 게임 시간 규칙을 지키지 못합니다. 아이에 대한 믿음이 실망과 분노로 바뀌는 때가 있습니다. 이에 앞서 이일이 아들에겐 정말 어려운 일이라는 것을 인지해야 합니다. 아이들이 게임을 하다가 멈추는 것은 드라마의 가장 중요한 순간에 텔레비전 전원이 나가는 것보다 두세 배는 더 아쉬운 일입니다. 이때 규칙은 '5시까지 게임을 하겠음. 만일 이를 어길 시엔 폰을 하루 종일 엄마에게 맡겨 게임을 조절하겠음' 정도면 족합니다. 주의해야 할 사항 중 하나는 '못 지킬 시 앞으로 평생 게임을 하지 않겠음' 등의 말도 안 되는 과한 조치를 정해서는 안 된다는 점입니다. 약속을 지키지 못하는 일이 반복되면 엄마도 화가 나겠지만, 아들도 규칙 하나 지키지 못하는 자신에 대한 불신이 싹트고 자존감이 낮아지게 됩니다.

셋째, 분노 없는 차가운 이행이 필요합니다. '이 정도면 알아챘겠지. 반성도 충분히 한 것 같은데 오늘은 약속도 있다고 하니 그냥 넘어가줘도 되지 않을까?' 하는 마음은 안 됩니다. 아들이 배워야 하는 것은 이론이 아니라 감각입니다. 게임하고 싶은 마음에 무리한 약속을 충동적으로 시전하면 안 된다는 것도, 이 일을 통해 반드시 배워야 하는 항목 중 하나입니다.

대부분의 문제는 이 단계를 거치면서 좋아집니다. 그런데 이렇게 조치를 해나가도 엇나가는 아들들이 있습니다. 그들은 주로 이런 주장을 합니다.

"아니, 엄마가 원하는 거 내가 다 하잖아. 학교도 가고, 숙제도 하고 내 할 일도 하는데 왜 엄마는 내가 원하는 거, 이거 하나도 허락 안 해 줘요?"라고 묻습니다. 아직은 어설프지만 나름 논리가 있는 것입니다.

아들은 게임 시간 약속을 정할 때도 '엄마를 위해서 하는 나의 희생'이라는 마음으로 게임을 그만한다고 착각하고 있는 경향이 있습니다. 엄마의 코칭을 아이를 위해서 돕는 일로 보지 않고, 엄마를 위해서 아이 자신을 조종하는 행위 정도로 해석하고 있는 것입니다. 이런 논리가 생기는 것은 평소 이런 말을 했기 때문입니다.

"너 도대체 양심이란 게 있는 거니?"

"넌 믿어주면 끝이란 걸 모르는 아이니?"

"너 엄마가 게임 이렇게 싫어하는데 그걸 굳이 그렇게 해야겠니?"

"너 진짜 적당히 해라. 엄마 그러다 정말 화낸다."

평범해 보이는 이 말이 가진 함정은, 네가 게임을 조절해야 하는 이유는 바로 '엄마' 때문이라고 말하고 있는 점입니다. 그래서 우린 코칭에 앞서 이런 화법에 익숙해져야 합니다.

"게임은 지나가는 바람이 아니야. 네 나이에 반드시 조절해야 하는 중요한 과제지. 이건 어렵기 때문에 엄마가 도와줄 수밖에 없어."

물론 이렇게 말한다고 아들이 갑자기 게임을 멈추지는 않습니다. 그러나 이런 과정 없이 강한 조치만 한다면 우리가 지금껏 봐왔던 문제 사례를 직접 겪게 될 수 있다는 점을 기억해야 합니다. 강한 조치가 현장에서 효과를 발휘하려면 그 한 번을 위한 수많은 과정이 있었다는 것을 아셔야 합니다.

아이를 통제하는 데 있어 의외로 필요한 관점은 바로 '성의'와 '시간 내기'입니다. 게임을 좋아하는 것은 교정해야 할 나쁜 행동이 아닙니다. 충분히 좋아할 수 있습니다. 다만, 게임 때문에 아이가 해야 할 일을 잊거나 약속을 잊는 등 일상에 지장이 간다면 문제인 것입니다.

★ 민준쌤 한마디

게임으로 인한 갈등은 엄마와 아이 모두에게 상처를 남깁니다. 통제에는 최소한의 성의가 필요하다는 것을 잊지 마세요.

아이가 게임을 스스로 조절할 수 있을까요?

: 게임으로 무너진 일상 회복하기

준영(가명)이를 처음 만난 날, 준영이는 대기실 테이블에 얼굴을 반쯤 파묻고 엎드려 있었고, 함께 온 어머님은 영혼이 반쯤 나간 듯한 표정을 짓고 계셨습니다. 가까이 다가가 "선생님이랑 들어갈까?" 하고 말하니 뾰로통한 표정으로 슬쩍 보고는, 이내 교실로 잘 쫓아 들어옵니다. 충분한 라포를 쌓기 위해 아이가 좋아하는 게임에 대한 이야기를 나누고는, 얼마만큼 게임을 좋아하는지 물었습니다. 아이는 게임 이야기가 나오자 갑자기 얼굴에 화색이 돌며 신이 나서 떠들기 시작합니다.

"크로우는 이렇게 쓰는 거구요. 애드가 아세요? 애드가는 궁이 정말 좋아요."

아이는 다소 무기력해 보이는 첫인상과 달리 게임에 대한 이야기를 할 때는 활력이 넘쳐 보였습니다. 대부분의 사춘기 남자아이들이 보이는 모습도 그렇습니다. 아이가 무기력하다고 해서 만나보면 자신이 좋아하는 몇 가지 영역에서는 화색이 도는 경우가 많습니다. 충분히 친밀감이 쌓였다는 생각이 들어, 아이에게 조심스럽지만 최대한 진솔하게 물었습니다. (이런 경우 아이들은 어른들이 가식적이거나 권위적이라는 생각을 이미 하고 있을 가능성이 높습니다. 때문에 작은 말 한마디에도 진실하게 표현할 필요가 있습니다.)

"엄마한테 이야기를 들었는데, 학교를 안 가겠다고 했다며? 어떤 이유인지 선생님한테 이야기해줄 수 있을까?"

"음…. 이미 많은 어른들이랑 이야기해봤는데 아무 소용없었어요."

"선생님 보기에는 어머님은 변화의 의지가 있으셔. 선생님이 도와주고 싶어서 그래."

"……."

"계속 이렇게 학교를 안 가는 것도, 게임이나 다른 일상을 누리지 못하는 것도, 모두 원하지 않는 일이야. 그렇지 않니?"

잠시 망설이던 준영이는 이내 속내를 말해주기 시작했습니다.

"이건 누구 잘못이 아니라 한쪽이 무너질 때까지 싸우는 공성전이에요."

"공성전? 전쟁?"

준영(가명)이는 '엄마와의 갈등'을 '한쪽이 무너질 때까지 싸우는 전쟁'이라고 표현했습니다. 유독 남자아이들에게 많이 나오는 표현입니다. 부모님은 훈육이라 생각하지만 아이는 전쟁이라 생각하고 대립하고 있습니다. 처음에는 서로 게임에 대한 이야기로 시작했지만, 이제는 '청군백군', '누가 이기냐' 싸움이 되어가고 있는 것입니다. 이와 같이 테스토스테론이 강한 남자아이들일수록 훈육은 전쟁이 되기 쉽습니다.

"게임은 나쁘지 않은 취미생활이야. 다만, 할 일을 하면서 할 수 있느냐가 중요하지."

"학교만 가면 되잖아요. 그럼 게임 무제한으로 하면 안 돼요? 친구들 중에는 밤을 새서 게임하는 아이들도 있단 말이에요."

"할 일에는 잘 먹고 잘 자는 것도 포함이야. 네 나이에는 충분히 자야 해. 밤새서 게임하는 건 선생님도 동의하기 어려운데?"

"어른들도 티비를 마음대로 보는데 왜 저만 조절해야 하는지 모르겠어요."

"게임을 하는 건 좋아. 그런데 네가 재미있는 게임을 계속하려면 조절도 함께 배워야 해."

"언제까지요? 제가 언제까지 어른들이 시키는 대로 해야 하는 건데요?"

"네가 스스로 조절할 수 있을 때까지 해야 해. 어른들은 네가 조절

능력을 기를 때까지만 도와주는 거야. 조절은 평생 동안 해야 하는 것이거든. 선생님도 마음대로 살지 못해. 늘 하고 싶은 것을 조절하며 살지."

"선생님도요?"

"그럼. 어른들은 준영이 네가 스스로 조절할 수 있다는 것을 보여주면 하나씩 하나씩 너에게 맡길 거야. 그런데 그건 네 마음대로 게임을 하라는 뜻이 아니라 '준영이 네가 스스로 조절할 것이라고 믿어'라는 의미지."

'대립하지 않는 대화'가 아이가 원하는 대로 다 수용한다는 의미는 아닙니다. 그보다는 불필요한 감정 없이, 꼭 전달해야 할 본질에 집중하는 대화를 의미합니다. 우리는 아이가 게임을 하는 것 자체가 문제가 아니고, 게임을 하면서 조절 능력이 상실되는 것을 우려한다는 점에 대해 정확히 표현해야 합니다. 아이의 입장에서는 권력을 쥐고 있는 어른이 이에 대해 한 번만 감정적으로 말해도, 권위로 자신을 누르는 것처럼 느낍니다.

관계 회복이 어려울 것처럼 보였던 준영이와 어머님의 갈등은, 게임에 관해 아이와 대립하지 않고 통제를 해 나가며 점점 좁혀지기 시작했습니다. 그렇다고 게임을 무분별하게 시켜주었다는 이야기는 아닙니다. 대립이 아닌 함께 하는 방향 속에서, 아이를 돕기 위한 통제를 지치지 않고 지속적으로 해주셨을 뿐입니다. '대립하는 통제'와 '대립하지 않는 통제'는 확실히 다릅니다. 준영이는 이 대화를 통해 세 가지를 약속했습니다.

1. 게임은 하되, 매일 매일 정해진 일과를 해내고 남은 시간에 할 것.
2. 매일의 일과는 준영이가 어머님과 상의해서 함께 결정하고 서면으로 적어볼 것.
3. 게임하는 시간은 저녁 9시를 넘기지 않을 것.

준영이는 이렇게 세 가지의 룰을 지켜야 했습니다. 준영이를 다시 만난 건 이 약속을 하고 나서 2주 후였습니다.

"2주간 어땠니?"

"괜찮았어요. 학교도 다녀왔고요."

"학교에서는 어땠어?"

"음…. 나쁘지 않았어요. 오랜만에 왔다고 박수 받았어요."

다행히도 아이가 학교에 갔나 봅니다. 다양한 이야기 끝에 오늘 꼭 묻고 싶었던 중요한 질문을 했습니다.

"준영아. 아직도 엄마가 적이라고 생각해?"

"음. 예전에는 그랬는데. 이제는 안 그래요."

장족의 발전입니다. 준영이는 저와 세 번의 만남 끝에 학교도 잘 가게 되었고, 어머님과의 관계도 많이 발전하였습니다. 그 이후로도 어머님께서 준영이가 많이 변했고 예전만큼 게임을 하지 않으며, 학교생활도 무척 잘하고 있다는 이야기를 해주셨습니다. 감격스러운 일입니다.

여기서는 '이렇게 말하면 문제가 해결된다'는 방법에 대해 말하고자 하는 것이 아닙니다. 모든 방법론의 첫 번째는 '대립하지 않는 부모', '약속을 지키는, 신뢰감 있는 부모'가 되어야 한다는 점입니다. 다시 한 번 강조해서 말씀드리지만, 우리는 아이와 대립하지 않고도 충분히 잘 가르칠 수 있습니다. 부모도 사람인지라 가끔은 분노가 올라오고 다소 벌게진 얼굴로 아이에게 큰 소리를 낼 순 있겠지만, 우리 입에서 나와야 하는 말과 기조는 '너를 너무 사랑하기에 도와주고 싶다'는 메시지여야 합니다.

다소 무섭고 진지한 얼굴과 큰소리로 "너 도대체 왜 이렇게 말을 안 듣니!?"라고 말하는 것과, 같은 표정으로 "준영이 너는 분명히 할 수 있는 아이라고 믿어! 너는 정말 괜찮은 아이야! 내가 어떻게 도우면 되겠니?"라고 말하는 것은 효과가 전혀 다릅니다. 아이가 부모를 적으로 간주하고 대립하면 그 무엇으로도 가르칠 방법이 없습니다.

반대로 아이가 부모를 조력자로 의지하고 함께 풀어갈 기회만 있다면, 어떤 문제가 와도 두려울 일이 없습니다.

★ 민준쌤 한마디

서로를 존중하면서 규칙을 만들고, 이를 같이 잘 따를 때 무너진 일상은 회복될 수 있습니다. 변화에 대한 노력은 아들만이 아닌 엄마도 함께 해야 합니다.

<아들TV> 화제의 영상
아들맘에게 꼭 하고 싶은 이야기

엄마의 권위를 세우는 간단한 방법

아들TV

on air ✓

결정적인 순간에 엄마의 말을 듣게 하는 법

아이가 어느 날 갑자기 장난감을 사달라고 떼를 씁니다. 평소에 그러던 아이
가 아닌데 갑자기 숨이 넘어갈 듯 심하게 채근합니다. 사실 주변에서 쉽게 볼
수 있는 모습이지요. 갑자기 떼를 쓰는 아이 때문에 당황했던 경험, 아이를 키
우는 부모라면 누구나 한 번쯤은 겪어봤을 것입니다. 이런 경우는 아이 입장

에서 보면 '아끼다 똥 된다'라는 상황이 계속 쌓이는 거예요. 부모가 아이에게 신뢰를 주지 못한 경험이 쌓인 결과라는 이야기를 먼저 해드리고 싶어요.

예를 들어볼게요. 밥을 먹는데 아이가 아이스크림을 달라고 해요. 엄마는 밥을 다 먹고 나면 아이스크림을 주겠다고 말합니다. 아이는 몇 숟가락 먹다가 또 아이스크림을 달라고 해요. 엄마는 밥을 다 먹기 전에는 안 주겠다고 다시 얘기합니다. 아이는 아이스크림을 먹기 위해서 꾸역꾸역 밥을 먹어요. 밥을 먹고 나선 텔레비전을 보다가 너무 재미있어서 깜박합니다. 엄마는 '아이스크림이 몸에 그리 좋은 것도 아닌데 깜박한 아이에게 굳이 상기시켜줄 필요가 있나' 하는 생각이 듭니다. 그래서 얼렁뚱땅 그냥 넘어가는 경우가 많지요. 그런데 이런 경험이 쌓이다 보면 아이는 엄마에 대한 신뢰를 잃기 쉽습니다.

처음에 아이들은 기다리면 나중에 해준다는 엄마의 말을 믿고 기다립니다. 아이 입장에서는 쉽지 않은 도전입니다. 그런데 아이가 깜박했다고 그 약속이 지켜지지 않는 경험이 쌓이면 어떻게 될까요? 아이는 아이스크림을 먹고 싶을 때 '당장 먹지 않으면, 내가 또 까먹으면 엄마가 챙겨주지 않는구나' 이런 생각이 쌓이며 부모의 약속에 대한 신뢰를 잃게 됩니다. 그만큼 아이를 가르치는 일이 어려워지는 것이지요. 교육자와 피교육자의 관계에 있어서 신뢰는 매우 중요한 요소입니다.

그럼 어떻게 해야 될까요. 이미 신뢰를 잃었다 해도 괜찮습니다. 지금부터 이렇게 해보세요. 아주 쓸데없는 약속을 한번 해보세요. 예를 들어, "오늘 학교 끝나고 집에 오면 네가 좋아하는 탕수육을 해놓을게"라고 말합니다. 아이가 의미 있게 생각하지 않아도 괜찮아요. 그리고 나서 하교 후 집에 온 아이에게 엄마가 탕수육을 해놨다고 이야기합니다. 그 다음에 꼭 이 말을 하는 거예요.

"엄마는 약속을 지켜요."

이렇게 엄마는 약속을 지킨다는 것을 반복해서 보여주는 거예요. 앞선 사례의 경우라면, 밥을 다 먹고 텔레비전에 빠져 있는 아이에게 다가가 이렇게 말하는 것입니다.
"뭐 기억나는 거 없어? 엄마가 아이스크림 주기로 했잖아. 짠!"
이러면서 허리춤에 숨겨두었던 아이스크림을 줍니다. 그러면 아이가 굉장히 기뻐할 거예요. 내가 요구해서 받는 것도 좋지만 스스로 참는 만족지연을 한 뒤에 받는 건 훨씬 더 성취감이 생깁니다. 이 행위를 통해 아이는 기다림을 배우게 됩니다.

'아, 엄마가 기다리라고 할 때는 기다려야겠구나. 내가 기다리면 반드시 그에 대해 상응하는 약속이 지켜지는구나.'

어머니가 이걸 지켜야 되나 싶은 작은 약속까지 지켰을 때, 그런 경험이 쌓이고 쌓여서 결정적인 순간에 아이의 행동을 제재할 수 있습니다. 어머니의 말을 듣게 만드는 권위의 핵심은 바로 '신뢰'에 있습니다.

PART 5

자기효능감을
좌우하는 부모의 교육관

아들의 학습력, 자존감을 향상시키는 법

결국 교육의 중요한 본질은 '정보를 주고 학습을 시키는 일보다, 자신에 대한 바른 기대를 품도록 정체성을 제대로 심어주는 일'에 가깝습니다. 자신에 대한 평가가 반복해서 올바로 이뤄지고 좋은 방향으로 정체성이 확립되면 성장은 저절로 이뤄지게 됩니다. 일단 성장하고 정체성을 정하는 게 아니라, 정체성을 먼저 확립하면 그에 맞는 성장이 일어나는 것입니다.

1 억지로 시킨다고 실력이 쌓일까요?

: 강점을 통해 효능감을 키우는 게 우선이다

"선생님, 저 이거 어려워서 하기 싫은데요? 힘든 걸 왜 해야 돼요?"

"그래? 민준이가 싫으면 하지 마."

최근 교육계에서는 아이가 어려워하는 것은 가르치려 하지 않아서 생기는 문제들이 계속 수면 위로 드러나고 있습니다. 참지 못하는 아이들이 늘어나면서 전반적으로 아이들에게 '인내'라는 덕목을 가르치지 못한 것이 아니냐는 평가가 나옵니다. 옛날에는 힘들어도 그냥 시켜야 된다는 호랑이 엄마가 많았다면, 지금은 아이가 하기 싫으면 시키지 않는 사슴 엄마가 많습니다. 그러나 요즘의 여론은 또다시 옛날로 돌아가야 하는 거 아니냐는 말이 나옵니다.

한 인간이 성장하기 위해서 인고의 시간이 필요한 것은 맞습니다. 그러나 매일 억지로 공부를 시킨다고 되는 것은 아닙니다. 아무리 학원을 돌려도 성적이 늘지 않는 것과 같습니다. 어른들이 아무리 책상에 앉아 있게 시켜도, 아이들은 갖가지 방법으로 해야 할 일을 회피합니다. 책상에 앉히는 것까진 누구나 할 수 있지만 배우고자 하는 마음을 만드는 일은 쉽지 않습니다. 결국 의지가 없는 아이를 가르치는 방법은 없습니다. 현장에서 고학년 아들을 키우는 분들에게 종종 이런 질문을 받습니다.

"우리 아들은요, 열정이 없어요. 하고 싶은 것도 없고요. 도대체 왜 저러는지 모르겠어요."

아이들은 노력해도 안 되는 경험이 반복되면 금방 무기력해집니다. 대개 열정이 생기면 성적이 오른다고 생각하지만 그 반대입니다. 성적이 올라야 열정이 생깁니다.

예를 들어 여러분이 치킨 집을 오픈했다고 가정해보겠습니다. 부푼 마음으로 개업을 했는데 손님이 하나도 없습니다. 열정이 생길 수 있을까요? '하루하루 열심히 치킨을 굽다 보면 언젠가는 잘되겠지'라며 두세 달은 열심히 할 수 있습니다. 그러나 시간이 가도 나아지지 않는다면 있던 열정도 금방 사그라들게 됩니다. 반대로 꾸역꾸역 가게를 오픈했는데 손님들이 줄을 서 있다고 생각해봅시다. 없던 열정도 생기게 됩니다.

우리는 하기 싫다는 애를 '억지로라도 가르쳐야 하나. 그냥 둬야 하나' 고민하지만, 진짜 고려해야 할 부분은 아들의 가슴속에 쌓이는 경험이 무엇인지 파악하는 눈입니다. 아들이 실패를 반복하고 있는지, 작은 성공을 반복하고 있는지가 중요한 것입니다. 작은 성공을 반복해서 경험한 아이는 효능감을 느끼게 됩니다. 자신에 대한 자아상이 좋아지고 스스로 할 수 있다는 정체성이 생겨나 어려운 일에 도전하게 됩니다. 인간이 성장하는 과정을 간과하고 그저 우리 아들은 왜 열정이 없는지만 고민한다면, 관계가 나빠질 확률이 높습니다. 특히 인정욕구가 강한 아들일수록 효능감이 낮아지는 상황을 잘 견디지 못합니다.

이는 부모도 마찬가지입니다. 아이를 잘 통제하지 못하는 경험을 반복하는 부모는 대체로 무기력한 기분을 느낍니다. 무언가 우울하고 힘이 빠지는 기분이 든다면 내 가슴속에 크고 작은 실패들이 쌓여가고 있는 건 아닌지 살펴야 합니다. 이럴 때 무기력의 구렁텅이를 탈출하는 방법은 한 번이라도 좋으니 성공을 경험하는 것입니다.

십여 년 전부터 저는 아들이 가진 강점으로 시작해야 한다고 강조해왔습니다. 부족한 것에 매달려 있으면 효능감을 맛보기도 전에, 마음을 닫는 아이들을 숱하게 봐왔기 때문입니다. 장점만 보자는 게 아니라 강점으로 시작해서 효능감을 충분히 올려놓은 후에 가르쳐야 한다는 것입니다. 공부를 잘하는 아이들의 특징은 확신에 있습니다. '될지 안 될지 모르겠지만 그래도 일단 해볼까?' 하는 게 아니라, 하면 성적이 오른다는 확신이 있습니다. 그러니까 도전하는 일이 한결 수월합니다.

반대로 하다가 자꾸 딴 길로 새는 아이들은 확신이 없습니다. 이대로 하면 정말 성적이 오르는 게 맞는지 자꾸 의심이 듭니다. 다이어트를 시작한 지 하루 만에 거울을 보며 이대로 하면 정말 살이 빠지는지, 이 방법이 맞는지 의심하는 어른과 같은 마음일 것입니다. 진짜 살을 빼고 몸을 잘 만드는 프로 선수들은 '하면 된다'는 확신이 있습니다. 그들은 의심하지 않고 그냥 합니다.

한동안 김연아 선수의 인터뷰가 화제가 된 적이 있습니다. 기자가 "무슨 생각하면서 훈련해요?"라고 물으니 "무슨 생각을 해요. 그냥 하는 거지"라는 답이 돌아왔습니다. 김연아 선수에게는 내가 노력해도 물거품이 될지 모른다는 의심이 보이지 않습니다. 고민 없이 그냥 노력하는 사람들은 정말 고민이 없는 것이 아니라, 반복된 승리 경험을 토대로 '하면 된다'는 확신을 갖고 있습니다. 반대로 확신이 없는 아이들은 자꾸 의심합니다. 지금 자신이 제대로 하고 있는 건지 헷갈려 반복적으로 멈추고 망설입니다.

'의심'은 몰입을 망치고, 이는 작은 실패의 누적으로 귀결됩니다.

작은 실패의 반복은 '아, 나는 해도 안 되는구나'라는 잘못된 정체성을 형성하게 만듭니다.

★ 민준쌤 한마디

열정이 있어야 성취하는 게 아니라, 먼저 작은 성취를 해야 열정이 생깁니다.

아들의 자존감은 어떻게 자랄까요?

: 사람은 자신이 설정한 정체성을 넘지 못한다

어려서부터 컴퓨터를 잘하는 대영이라는 친구가 있었습니다. 친구들 중에서도 제일 먼저 컴퓨터를 사서 만지기 시작했고 혼자 조립 PC를 주문하고 조립할 정도로 뛰어났습니다. 저는 자연스레 언제나 컴퓨터 문제는 그 친구에게 물어보게 되었고, 한번은 친구에게 컴퓨터가 느려졌으니 우리 집에 와서 포맷 좀 해달라고 요청한 적이 있습니다. 그랬더니 그 친구는 대뜸 이렇게 말했습니다.

"넌 포맷도 못하냐? 넌 못하는 게 아니라 시도도 안 하는 거야. 이번엔 네가 한번 해봐."

처음에는 서운했는데 막상 해보니 정말 어렵지 않았습니다. 문제는 저의 정체성이었습니다. '나는 컴퓨터를 못해'라는 정체성 설정이 포맷 하나를 할 때도, 친구가 올 때까지 기다려야 하는 상황을 만들었던 것입니다. 이런 사례는 주변 곳곳에서 발견됩니다.

예를 들어 "아, 저는 숫자에 약해서"라고 말하는 어른을 떠올려봅시다. 그의 말은 사실일까요? 정확히 말하면 숫자에 약해서 숫자를 받아들이지 않는 것보다 자신이 숫자에 약하다고 선을 그어 놓아서 발전하지 못하고 있을 가능성이 높습니다. '나는 숫자에 약하다'는 정체성은 모든 숫자 문제를 '나의 영역이 아님' 카테고리로 분류해버립니다. 실제 능력과 상관없이 모든 정보를 '나와 상관없음 카테고리'에 쑤셔 넣고 있는 것입니다. 반대로 '나는 숫자에 강해'라는 정체성은 사소한 숫자도 틀렸는지 맞았는지 체크하게 만들고, TV 퀴즈쇼에 나오는 수학 문제를 열심히 풀게 합니다. 이렇게 정체성은 한번 설정되면 그 사람의 미래에 지대한 영향을 미칩니다.

아이들도 마찬가지입니다. '나는 공부 못함', '나는 글쓰기 싫어함', '나는 엄마 말 안 들음', '나는 조절이 잘 안 됨' 등 다양하게 설정된 정체성은 아이의 발전을 제한합니다. 잘못된 정체성이 설정된 아이는 어떤 교육을 해도 발전이 이뤄지지 않습니다. 겉으로는 듣는 척해도 사실 자신은 안 된다는 사실에 지배당하고 있기 때문입니다.

의사들은 병원에 찾아오는 아이를 보면 다양한 이름으로 병명을 진단하고 치료하지만, 교육자의 시선에서 가장 중요한 점은 '아이가 자기 스스로를 어떻게 평가하는가'입니다. 예를 들어, ADHD 아동을 만났을 때 교육자로서 가장 가슴 아픈 말은 이런 종류의 말입니다.

"선생님, 저 원래 그래요."

"저 약 안 먹어서 그래요."

"저는 그런 거 잘 몰라요."

의사들은 조절의 의지가 없는 아이에게 약물 처방은 큰 효과를 발휘하기 어렵다고 말합니다. 그보다 중요한 건, 자신이 언젠가 조절해 낼 수 있는 괜찮은 아이라는 믿음입니다. 인간은 자신이 설정한 정체성을 벗어나지 못합니다. '부자가 되겠다'는 의도가 없는 사람이 어쩌다 부자가 되는 일은 일어나지 않으며, '공부를 잘하겠다'는 정체성을 확립하지 못한 사람이 어쩌다 공부를 잘하게 되는 경우는 없습니다. 교육자는 유전자를 조작해서 없던 능력을 만들어내는 사람들이 아니라, 자신이 가진 카드 중 가장 좋은 것을 선별해 발전시키고, 키워나가는 사람이라는 것을 기억해야 합니다.

결국 교육의 중요한 본질은 '정보를 주고 학습을 시키는 일보다, 자신에 대한 바른 기대를 품도록 정체성을 제대로 심어주는 일'에 가깝습니다. 자신에 대한 평가가 반복해서 올바로 이뤄지고 좋은 방향으로 정체성이 확립되면 성장은 저절로 이뤄지게 됩니다. 일단 성장하고 정체성을 정하는 게 아니라, 정체성을 먼저 확립하면 그에 맞는 성장이 일어나는 것입니다.

예를 들어, 저의 정체성은 '아들 문제 해결사'입니다. 이 정체성을 십 년 넘게 간직하고 있으니, 세상의 아들 문제에 관련된 정보는 전부 저에게 모이는 느낌입니다. 지하철을 탔을 때 떼쓰는 남자아이를 보면 자리를 뜨지 못하고 지켜봅니다. 강의가 끝나고 한 시간씩 질문 세례가 이어져도 가능한 끝까지 들어보려 합니다. 해결되지 않은 아들 문제가 있으면 잠을 설쳐가며 일주일씩 고민합니다. 저의 정체성 때문입니다. 일단 정체성은 한번 확립되고 나면 자고 있는 동안에도 작동합니다. 잘 설정된 정체성은 개인의 사소한 행동뿐만 아니라, 성장하는 속도에도 많은 영향을 끼칩니다.

여러분은 어떤 정체성을 가지고 있나요? 혹시 '아들을 잘 다루지 못하는 엄마'라는 정체성을 갖고 있다면 새롭게 설정해보면 좋겠습니다. 내가 하는 노력은 내가 규정한 나를 넘어서기 쉽지 않기 때문입니다. 이 책을 통해 한 가지라도 시도해보고 '하면 된다'는 작은 믿음을 갖기를 바랍니다. 그래서 '나는 아들을 꽤나 잘 다루는 사람이지'라는 정체성을 가져보시면 좋겠습니다.

★ 민준쌤 한마디

'나는 원래 못해'와 같이 자신에 대해 한정짓는 생각에서 벗어나야 아들은 스스로 성장할 수 있습니다.

아들의 정체성은 어떻게 형성되나요?

3

: 적절한 개입으로 자존감 키워주기

우리는 크게 두 가지 상황을 통해 자신을 자각해갑니다. 첫 번째는 '타인이 나를 어떻게 대하는가'입니다. 타인이 나를 함부로 대하는 경험이 누적되면, 스스로에 대해 '나는 소중하지 않은 존재'라는 평가가 쌓입니다. 내가 말을 걸어도 주변인들이 잘 대답하지 않거나, 나를 무시하는 태도를 반복해서 보이면 스스로에 대한 평가는 바닥을 치게 됩니다.

그래서 아이가 성장하기 위해선 타인과의 관계를 많이 맺어보는 것이 중요합니다. 친구들이 나를 어떻게 대하는지를 확인하며 '이렇게 말하면 싫어하는구나', '이렇게 말하니까 좋아하는구나' 등의 감이 잡힙니다. 그런데 첫 단추가 잘못 꿰어지면 '난 친구들이 싫어하는 아이구나'로 빠지기도 합니다. 그래서 적절한 개입을 통해 아들의 자존감 형성을 도와야 합니다.

이럴 때 도움이 되는 활동은 내가 케어할 수 있는 상황에서 '관계 코칭해주기'입니다. 친구들과 관계 맺기에서 아들이 주로 실패하거나 실수하는 영역을 찾아 훈련하고 도와주는 일이 필요합니다. 이 시기에는 친구들과 노는 활동을 옆에서 지켜보고, 면밀히 관찰해야 합니다. 아들의 말만 듣고 상황을 파악해서는 안 됩니다. 아들이 자신의 입장에서 유리한 말만 할 수도 있기 때문입니다. 엄마가 직접 본 상황과 아들이 설명하는 것을 보며 간극을 확인해야 합니다. 몇 번씩 상세하게 상황을 파악해보면 아들의 상황 이해능력이 어떠한지도 알 수 있습니다. 아들이 친구 감정을 이해하지 못해서 어울리지 못하거나, 규칙을 이해하지 못하거나, 조절에 어려움을 겪는 등 어디에 문제가 있는지를 구체적으로 짚어내야 제대로 코칭할 수 있습니다.

또 아들은 자신이 얼마나 쓸모 있는지를 통해 본인을 평가합니다. 이를 자아 효능감의 영역이라 부릅니다. 딸에게는 여자아이들 무리에서 배제되는 것이 생존을 위협하는 것만큼이나 힘든 일이지만, 아들은 자신이 중요하다고 생각하는 영역에서 인정받지 못하는 것이 참을 수 없이 힘든 일입니다.

그래서 축구를 잘하거나 힘이 세거나 달리기가 빠르거나 줄넘기를 잘하거나 웃기거나 잘 그리거나 잘 만들거나 게임을 잘하는 것 등에 집착합니다. 단순히 효능감 영역에서만 중요한 것이 아니라, 또래

들 사이에서 인정받아 관계까지 좋아집니다. 그러니 더더욱 자신의 영역에 몰두하게 됩니다. 반대로 이런 것을 찾지 못한 아들의 경우 무력감에 빠지기도 합니다. 자신이 보여줄 것이 없다는 생각이 들면 또래와의 관계 맺기 또한 어려움을 겪습니다.

그래서 아들을 가르칠 때에는 먼저 채워주는 일부터 시작해야 합니다. 부족한 부분을 채워주는 게 아니라 아들이 가진 것을 키워주는 일로 시작하는 편이 좋습니다. 아들이 잘하는 영역이 있다면 그게 무엇이라도 '자신이 왜 괜찮은 사람인지에 대한 증거'가 되기 때문입니다.

아이들의 자존감과 정체성은 크게 위 두 가지 영역을 통해 설정된다는 점을 고르게 이해하는 것이 중요합니다. 그렇지 않으면 한 가지에만 매몰되기 쉽습니다. 관계 위주로만 과하게 평가하거나 효능감 위주로만 봐서도 안 됩니다. 아들이 현재 중요하게 생각하는 가치가 둘 중 어떤 부분인지 찾아내야 바르게 메워줄 수 있습니다.

★ 민준쌤 한마디

아들의 정체성 형성에는 '타인이 나를 어떻게 대하는가'와 '나는 얼마나 쓸모 있는가'에 대한 자각이 가장 중요합니다.

아들에게는 결국 말보다 경험이 중요합니다. 엄마가 말로 백날 "넌 소중한 아이란다"라고 말하더라도, 아들 입장에서 자신이 정말 소중하다고 느낄 만한 현실적인 증거를 찾지 못하면 엄마 품을 벗어나기 어려워집니다. 엄마는 달콤한 말을 해주는데 사회는 차갑다면 더더욱 그렇습니다. 이런 일이 반복될수록 아들은 스스로 둥지를 떠나기 어렵습니다.

예를 들어 '공부는 재미없어. ○○는 공부 못해도 인기 많던데? 나도 ○○처럼 게임을 잘하면 될 거야' 등의 생각을 한다면, 이는 아들에게 공부를 싫어하는 정체성이 생긴 것입니다. 그렇다면 어떻게 접근해야 할까요? 또래 아이들에게 인정받는 것이 전부인 시기의 남자아이들에게 엄마의 진지한 조언은 씨알도 먹히지 않습니다. 지금 당장 또래에게 받아들여지고 자신의 효능감을 입증하는 일이 중요하기 때문입니다.

공부를 싫어하는 정체성이 생긴 아들을 가르칠 때는 아들의 입장에서 시작해야 합니다. 아들이 좋아하는 주제가 게임이라면 게임 속에 나오는 내용과 내가 가르치고 싶은 내용을 연결지어주는 편이 좋습니다. 예를 들어 내가 가르치고 싶은 내용이 수학 단원 중 '가르기'이고 아들이 좋아하는 게임이 '전투게임'이라면 이렇게 접근하면 됩니다.

① 자신이 좋아하는 캐릭터를 개발하게 시킨다.
② 좋아하는 캐릭터의 전투력과 에너지, 방어력을 쓰라고 시킨다.
③ 그 세 가지 조합이 1,000을 넘으면 안 된다는 것을 알려준다.
④ 옆에서 부모도 한 명의 캐릭터를 만들고 규칙에 맞게 조합을 해본다.
⑤ 제한시간이 지난 후 가위바위보로 선공을 정하고 가상의 전투를 해본다.
⑥ 아슬아슬하게 져주고 아들이 게임의 룰의 잘 이해했다면 한두 차례 반복한다.

이런 식으로 접근하면 대부분의 아들은 수학의 개념을 배우고 있는지도 모른 채로 한 단원을 즐겁게 익히게 됩니다. 그리고 나서 아들의 얼굴을 보고 진지하게 이야기해줍니다.

"처음엔 수학 싫어한다고 해서 진짜 못하는 줄 알았는데, 오늘 정말 잘했는데? 안 힘들었어?"

아무런 기준도 없는 상황에서 받는 칭찬은 아들에게 별 영향을 미치지 못하거나 악영향을 미치지만, 객관적인 노력의 증표를 통한 피드백은 아들의 정체성에 좋은 영향을 미치게 됩니다. 자신이 했던 노력이 생각보다 어렵지 않았고 자신이 수학을 잘하게 될 수도 있다는 걸 알게 되면 아들이 수학을 대하는 태도는 사뭇 달라집니다. 정체성이 다시 설정되고 있는 것입니다.

이처럼 수학 공부에서 의미 있는 피드백이 계속되면 아들은 '수학을 꽤 할 줄 아는 아이'라는 정체성을 갖게 됩니다. 이렇게 되면 수업 시간에 나오는 수학 문제나 문제집에 있는 재미난 수학 문제가 눈에 들어오기 시작합니다. 이런 정체성을 간직하게 되면 시간이 지남에 따라 아들이 더욱 성장하는 모습이 보입니다.

변한 건 아무것도 없습니다. 우리가 한 것은 딱 한 가지입니다. '나는 공부를 못해'라는 정체성에서 '나는 수학은 좀 하는 아이야'라는 정체성으로 살짝 바꿔줬을 뿐입니다. 작은 성공을 반복하며 정체성을 쌓고, 충분한 시간이 흐른 후 정말 잘하고 싶다는 마음이 들 때 본격적으로 아들을 도와주면 됩니다. 정리하자면 아들의 변화는 보통 다음과 같이 진행됩니다.

① 작은 성공의 경험이 반복되는 단계

② 나에 대한 믿음을 찾는 단계

③ 작은 성공을 중심으로 바른 정체성이 형성되는 단계

④ 이를 통해 노력과 훈련을 마다하지 않는 단계

결국 아이를 발전시키는 일은 아이가 스스로 마음을 먹고 한 걸음 나와야 합니다. 그래야 교육자가 할 일이 생깁니다. 원하지 않는 가르침을 일방적으로 반복하고 있었다면 위의 이론을 이해하고 다시 접근해보시길 바랍니다.

★ 민준쌤 한마디

공부에 대한 인식과 본인의 정체성이 잘 설정되어야 아들의 학습력은 수직 상승할 수 있습니다.

어린이를 미워하는 사회에
살고 있는 어른들에게

우리는 날이 갈수록 '어린이를 미워하는 시대'에 살고 있습니다. 예전에는 아이들을 예뻐하는 어른이 많았다면, 지금은 시끄럽거나 버릇없이 굴까 봐 미리 걱정하거나 예민하게 바라보는 사람들이 많아지고 있습니다. 동네 아이가 잘못하면 마을 어른들이 누구나 함께 훈육하고, 아이들은 응당 어른을 무서워하던 시절이 있었습니다. 하지만 더 이상 아이들은 어른을 무서워하지도, 존경하지도 않습니다. 그러니 더더욱 어른들은 아이들이 예쁘게 느껴지지 않습니다. 심지어 내 아들이지만 솔직히 너무 밉다는 부모님을 만날 때도 있습니다. 어쩌다가 우리 어른들은 아이들을 미워하게 되었을까요?

저는 이 문제가 아이가 무례하게 굴어도 어른이 그들을 제지할 수 없다는 불안감에서 기인한다고 생각합니다. 친구가 하는 농담은 약간의 선을 넘어도 편안하게 느껴지는 반면, 상사의 농담은 조금만 선을 넘어도 유독 불편하게 느껴지는 마음도 그렇습니다. 친구는 내가 원하면 언제든 제지할 수 있다는 믿음이 있는 관계이고 상사는 선을 넘었다고 판단해도, 내가 브레이크를 잡을 수 없다는 마음에 불안과 불편함이 생겨납니다.

형제 관계도 그렇습니다. 동생이 내 물건을 자꾸 만지고 침범하는데 부모가 이를 적극적으로 해결해주지 않으면 동생이 미워집니다. 동생뿐만 아니라 제지해주지 않는 부모도 원망스럽습니다. 누군가 내 선을 지속적으로 넘는데 효과적으로 제지할 수 없다는 생각이 들면 상대가 미워집니다. 결국 아이가 미워지는 이유는 아이에 대한 브레이크를 잃어버렸기 때문입니다.

최근 강연장에서 만난 한 어머니의 사연이 생각납니다. 아동 심리치료사로 17년간 일하셨다는 그분은, 어느 날 아들에게 못된 말을 들었다고 합니다. 순간 참지 못하고 등짝을 때렸는데, 아들이 대번에 "신고할 거야!"라고 외치며 맨발로 현관문을 열고 나가서는 복도에서 "도와주세요!"라고 크게 외쳤다고 합니다. 우리가 그렇게 가르쳤던 무조건적인 존중과 사랑이 부메랑처럼 돌아오고 있는 것입니다.

이제는 브레이크를 찾아야 합니다. 오늘날 문제아동이 유독 많게 느껴지는 이유는, 바른 통제의 개념을 잃어버렸기 때문입니다. 아이들을 올바르게 통제하지 못한다면, 아이들은 쉽사리 문제아동으로 변하게 됩니다. 우리는 그들을 공격하지 않으면서도 가르칠 수 있어야 합니다. 존중과 사랑을 유지하면서도 상황에 따라 엄하고 단호해야 합니다. 어른의 정당한 권위를 다시 찾아야 아이들에 대한 사랑도 함께 회복할 수 있습니다.

권위를 찾는다는 것이 아이를 무섭게 대해야 한다는 말이 아닙니다. 무서운 것과 권위 있는 부모는 다릅니다. 무서운 어른이 되어 아이를 굴복시키자는 방향이 아닙니다. 책에서 거듭 강조했듯이 굴복시키는 방식의 교육은 반드시 부작용을 낳습니다. 때리거나 굴복시키지 않으면서도 단호하게 행동하는 육아법을 익혀야 하는 이유입니다.

저는 이 책이 어른들의 권위를 찾아가는 첫걸음이 되었으면 합니다. 지나친 존중으로 무너진 가정이 회복되는 발판이 되길 바랍니다. 책 내용 중 단 한 가지라도 실행해보시고 '이렇게 하니까 되는구나' 하는 가닥이 잡히면 좋겠습니다. 아이를 공격하지 않으면서도 통제할 수 있는 다양한 방안에 대한 논의가 더 활발히 시작되어야 합니다. 눈앞의 아이를 보면서 제지할 수 있는 방법이 있다는 믿음을 찾을 때, 우리는 비로소 아이들을 진심으로 사랑하게 될 것입니다. 어른의 권위를 되찾아야, 아이를 힘껏 사랑할 수 있는 사회가 될 것입니다.

최민준의 아들코칭 백과

초판 1쇄 발행 2023년 8월 30일
초판 18쇄 발행 2024년 11월 1일

지은이 최민준
그린이 신예원
펴낸이 최순영

출판1본부장 한수미
라이프 팀장 곽지희
편집 김소현
디자인 김태수

펴낸곳 ㈜위즈덤하우스 **출판등록** 2000년 5월 23일 제13-1071호
주소 서울특별시 마포구 양화로 19 합정오피스빌딩 17층
전화 02) 2179-5600 **홈페이지** www.wisdomhouse.co.kr

ⓒ 최민준·신예원. 2023

ISBN 979-11-6812-753-1 13590

· 이 책의 전부 또는 일부 내용을 재사용하려면 반드시 사전에 저작권자와
  ㈜위즈덤하우스의 동의를 받아야 합니다.
· 인쇄·제작 및 유통상의 파본 도서는 구입하신 서점에서 바꿔드립니다.
· 책값은 뒤표지에 있습니다.